乡村振兴战略 浙江省农民教育培训丛书

U0336245

杜鹃花

浙江省农业农村厅 编

中国农业科学技术出版社

图书在版编目（CIP）数据

杜鹃花/浙江省农业农村厅编．—北京：中国农业科学
技术出版社，2019.6

（乡村振兴战略·浙江省农民教育培训丛书）

ISBN 978-7-5116-4250-9

Ⅰ.①杜… Ⅱ.①浙… Ⅲ.①杜鹃花属－花卉－观赏
园艺 Ⅳ.①S685.21

中国版本图书馆CIP数据核字（2019）第109543号

责任编辑	闫庆健　王惟萍　王思文
责任校对	贾海霞
出 版 者	中国农业科学技术出版社
	北京市中关村南大街12号　邮编：100081
电　　话	(010) 82106625（编辑室）　(010) 82109704（发行部）
传　　真	(010) 82106625
网　　址	http://www.castp.cn
经 销 者	各地新华书店
印 刷 者	北京建宏印刷有限公司
开　　本	787mm×1092mm　　1/16
印　　张	8.75
字　　数	145千字
版　　次	2019年6月第1版　2019年6月第1次印刷
定　　价	37.20元

乡村振兴战略·浙江省农民教育培训丛书

编辑委员会

本书编写人员

序

习近平总书记指出："乡村振兴，人才是关键。"

广大农民朋友是乡村振兴的主力军，扶持农民，培育农民，造就千千万万的爱农业、懂技术、善经营的高素质农民，对于全面实施乡村振兴战略，高质量推进农业农村现代化建设至为关键。

近年来，浙江省农业农村厅认真贯彻落实习总书记和中央、省委、省政府"三农"工作决策部署，深入实施"千万农民素质提升工程"，深挖农村人力资本的源头活水，着力疏浚知识科技下乡的河道沟坎，培育了一大批扎根农村创业创新的"乡村工匠"，为浙江高效生态农业发展和美丽乡村建设持续走在全国前列提供了有力支撑。

实施乡村振兴战略，农民的主体地位更加凸显，加快培育和提高农民素质的任务更为紧迫，更需要我们倍加努力。

做好农民培训，要有好教材。

浙江省农业农村厅总结近年来农民教育培训的宝贵经验，组织省内行业专家和权威人士编撰了《乡村振兴战略·浙江省农民教育培训丛书》，以浙江农业主导产业中特色农产品的种养加技术、先进农业机械装备及现代农业经营管理等内容为

主，独立成册，具有很强的权威性、针对性、实用性。

丛书的出版，必将有助于提升浙江农民教育培训的效果和质量，更好地推进现代科技进乡村，更好地推进乡村人才培养，更好地为全面振兴乡村夯实基础。

感谢各位专家的辛勤劳动。

特为序。

浙江省农业农村厅厅长：林健东

内容提要

  为了进一步提高广大农民自我发展能力和科技文化综合素质，造就一批爱农业、懂技术、善经营的高素质农民，我们根据浙江省农业生产和农村发展需要及农村季节特点，组织省内行业首席专家或权威人士编写了《乡村振兴战略·浙江省农民教育培训丛书》。

  《杜鹃花》是《乡村振兴战略·浙江省农民教育培训丛书》中的一个分册，全书共分五章，第一章生产概况，主要介绍概述、形态特征与生长习性、浙江杜鹃花卉产业现状；第二章效益分析，主要介绍经济价值、社会及生态效益、市场前景及风险防范；第三章关键技术，着重介绍主要品种、栽培管理、土壤管理、肥料管理、水分管理、病虫害防控、盆景造型、园林应用；第四章药用方法，主要介绍杜鹃花清热解毒、化痰止咳止痒的药用作用；第五章典型实例，主要介绍嘉兴碧云花园有限公司、嘉善联合农业科技有限公司等五个省内农业企业从事杜鹃花生产经营的实践经验。《杜鹃花》一书，内容广泛、技术先进、文字简练、图文并茂、通俗易懂、编排新颖，可供广大农业企业种植基地管理人员、农民专业合作社社员、家庭农场成员和农村种植大户阅读，也可作为农业生产技术人员和农业推广管理人员技术辅导参考用书，还可作为高职高专院校、成人教育农林牧渔类等专业参考用书。

  由于编者水平所限，书中难免有不妥之处，敬请广大读者提出宝贵意见，以便进一步修订和完善。

目录 *Contents*

第一章 生产概况

　　中国是杜鹃花属植物的世界分布中心，共有562种，约占全属种数的60%。浙江省内广泛分布有杜鹃花属植物21种、2变种及1变型，尤以春鹃类资源最为丰富，品种达百余个。2018年全省杜鹃花类盆栽种植面积1 613.4亩（1亩≈667平方米，15亩 =1公顷，下同），销售量320.6万盆，销售额3 285.4万元。

一、概　述

　　杜鹃花，泛指杜鹃花科（Ericaceae）杜鹃花属（*Rhododendron* L.）的植物，别名映山红、满山红、羊踯躅等，是举世公认的名贵花木，被誉为"世界之花""花木之王"，在西方有"无鹃不成园"一说，是中国十大传统名花之一，被誉为"花中西施"。

　　杜鹃花属属名是由希腊文"Rhodon"（意为蔷薇色）和"Dendron"（意为树木）两词组合而成，意为具有红色花的树木（冯国楣，1983），最早由瑞典植物学家林奈（Linneaus）在他1753年发表的著作《植物种志》（Species Plantarum）一书中提出。

　　杜鹃花种质资源分布于全世界，目前全世界约有杜鹃花属植物900～1 025种。中国是杜鹃花属植物的世界分布中心，共有562种，约占全属种数的60%，主要分布在四川、西藏自治区、贵州、安徽、浙江、湖北、湖南、广东、广西壮族自治区等地海拔1 500～2 500米的高山、中山或低丘地疏灌丛或松林下，为典型的酸性土指示植物。更有连绵10余平方千米的山野尽为杜鹃花"花海"的奇观。其种类之繁多，分布之广泛，体态之多姿，色彩之艳丽，令人惊叹。中国是世界上识别、记载和栽培杜鹃花最早的国家，由杜鹃花原种（野生资源）通过杂交或芽变不断选育出来的园艺品种是当今杜鹃花市场上的主角。近代以来，通过不断的杂交育种，全世界已培育出花形丰富、花色繁多的园艺品种28 000个以上，涵盖了杜鹃花属下所有类别的品种，品种数量仅次于月季。我国目前保存的杜鹃花品种有300多个，其中大多数由上海、苏州、无锡、丹东等地杜鹃花爱好者从日本和欧美引进，成为现代庭院和城市绿化不可或缺的园林绿化品种（图1-1）。

图1-1　杜鹃花种质资源

二、形态特征与生长习性

（一）形态特征

1. 树型

杜鹃花为常绿或半常绿灌木或小乔木，高 0.5~5 米，分枝多而纤细，密被亮棕褐色扁平糙伏毛。其类型很多，形态变化复杂。栽培种的树型有直立型、扩张型和半扩张型。直立型的枝干生长粗壮、挺拔，分枝角度小，树冠高耸；扩张型和半扩张型的枝条分枝角度大，横生或斜生，树冠丛生状。

2. 叶片

单叶互生，多革质，常簇生枝端，全缘，极少有锯齿。叶型有椭圆形、倒卵形、近圆卵形、披针形、条状披针形、卵形等。叶先端渐尖，基部楔形或宽楔形，边缘微反卷，具细齿，上面深绿色，疏被糙伏毛，下面淡白色，密被褐色糙伏毛。叶片大者，长度在 4 厘米以上，小者长度在 2.5 厘米以下。叶片颜色有嫩绿、深绿、淡红等色，有时还会随季节变化而变化。

3. 花朵

杜鹃花的花朵常多朵顶生组成总状或伞形花序，偶有单花顶生或腋生，花冠辐射状或漏斗状，通常 5 裂，花色绚丽，有红、淡红、杏红、雪青、白、紫、粉等色。杜鹃花开花早，花期长，不同品种之间花期差异大，早花品种在春季 3—4 月陆续开花，俗称"春鹃"，晚花品种进入夏季后陆续开花，常称"夏鹃"（图 1-2）。

4. 芽

杜鹃花的芽有 3 种类型，即叶芽、花芽和混合芽。叶芽是将来发育成枝叶的芽，常顶生或侧生，大都呈卵形，外覆几片至十几片鳞状苞片。花芽为开花的芽，通常较叶芽肥大，顶生或侧生，顶生时常呈

图1-2 杜鹃花花色绚丽

圆球状，侧生时呈卵形或长卵形，外覆鳞状苞片，开花后脱落。混合芽内花、叶同生，既开花又生长枝叶。

5. 果实

杜鹃花的果实为蒴果，通常开裂为5~10果瓣，种子细小，有狭翅，果实10月前后成熟。

（二）生长习性

杜鹃花种类繁多，多数原产于海拔1 500~2 500米的山地。由于长期受这些山林环境条件的影响，形成了对温、光、热、水、土的特殊要求，也就形成了杜鹃花特殊的生长习性。栽培时，必须创造满足这些条件的小环境，才能使杜鹃花生长健壮，开花繁茂（图1-3）。

图1-3 杜鹃花生长习性

1. 土壤

杜鹃花大都为浅根系，但根系发达，多原产于雨水较多的酸性土壤地区的山区、丘陵，是典型的酸性植物。在自然界生长时，由于山地表土中含有大量的枯枝落叶和腐殖质，土壤呈酸性。所以栽培杜鹃花所用的土壤也应疏松、肥沃，呈酸性，以 pH 值控制在 5.5~6.5 为宜。在碱性土壤地区常表现为新生幼叶失绿，或叶肉呈黄绿色，仅叶脉为绿色，严重时叶变小变薄、叶肉呈黄白色、叶尖出现棕褐色枯斑。

2. 温度

山地、丘陵地区气候凉爽温和，使杜鹃花习惯于温凉通风的环境。生长适宜温度范围为 12~25℃，20℃左右生长最旺盛，温度超过 30℃生长缓慢呈半休眠状态，对生长、开花都不利。冬季应防寒保暖，各个品种间对温度和光照的要求差异较大，东鹃可以在 -8℃的环境下生长，大多数品种在温度不低于 5℃就可越冬，其中西鹃比较怕寒冷，在 0℃以下会发生冻害，越冬温度以 8℃左右为好。因此，杜鹃花的生长旺盛期为气候凉爽的春、秋两季，而在夏季高温、冬季低温季节时生长缓慢。杜鹃的花芽分化期在 6—8 月，分化时需要较高的温度，以 20~27℃为宜，高于 30℃对花芽分化不利。

3. 光照

杜鹃花属于半阴性花卉，必须有一定的散射光才能正常生长。在自然界生长时，由于山上常年阴雨多雾，日照时间比平原短，昼夜温差大，早晚冷凉，因而大部分杜鹃花便养成了喜阴恶阳的习性，特别是怕烈日强光，而喜弱光、散射光。盆栽杜鹃花在初春气温转暖至 4 月中旬期间，上午可承受阳光照射，中午适当遮阴即可。入夏后要防晒遮阴，忌烈日暴晒，及时入荫棚。如盛夏气温偏高，每天还要多喷洒几次叶面水，以免高温灼伤叶丛。秋后，当气温在 25℃以下时，可根据栽培场所的阳光照射情况进行适当遮阴，如气温递降至 20℃左右时，就可不必遮阴了。

4. 水分

杜鹃花的根系虽然强大，但须根纤细如发，因而对水分十分敏感，怕旱怕涝。既要水分充足，又不能积水。因此，为了保证杜鹃花的正常生长，还需要有一个相应的湿度条件。较高的空气湿度可相应地减少根系吸水的不足，对生长极为有利。为了满足其生长要求，需对环境湿度进行人工调节，如采用叶面喷水、地面洒水等措施来提高环境湿度，为杜鹃花创造一个良好湿润的环境条件，这也是栽培杜鹃花不可忽视的一个关键问题。

5. 肥料

杜鹃花根系纤细，吸肥能力弱，过量的施肥会造成土壤溶液浓度过大，根部细胞液倒渗，导致植株枯死。施肥不当还会滋生大量的有害微生物，导致土壤缺氧，使根系窒息而死。因此，应掌握薄肥勤施的施肥原则。

三、浙江杜鹃花卉产业现状

　　浙江省内的丘陵和山区广泛分布有杜鹃花属植物21种、2变种及1变型，就产业状况来看，浙江以春鹃类资源最为丰富，品种达百余个，主要以嘉兴嘉善、宁波北仑、金华东阳等地为主。目前主要有宁波柴桥（毛鹃）、金华（杂交新品种）、嘉善（春鹃）等主要杜鹃花特色生产基地。尤其嘉善的春鹃（东鹃）栽培最早源于清乾隆年间，迄今已有200多年历史。经多年搜集和培育，全省拥有极富观赏价值的各类春鹃品种百余个，其品种之全，质量之优，全国罕见，具有突出的品种资源优势。常见的春鹃品种如粉妆楼、大朱砂、红珊瑚、大青莲、外国红、彩五宝、琉球红、状元红、笔止、红月、吐蕊玫瑰、套半朱砂等，观赏性强，抗性好，具有极好的开发利用价值。

2018年全省杜鹃花类盆栽种植面积1 613.4亩，销售量320.6万盆，销售额3 285.4万元。新品种培育处于全国领先地位，已有36个品种获国家授权并产业化生产推广。据浙江大学夏宜平教授介绍，浙江杜鹃花主要品种保存情况如下（表1-1）。

表1-1 浙江省杜鹃花主要品种保存情况表

类别	浙江大学（个）	金华（个）	宁波（个）	嘉善（个）
东鹃	59	26	24	72
毛鹃	6	6	19	4
西鹃	12	37	34	16
夏鹃	9	88	24	22
其他	39	236	23	5
总计	125	393	124	119

第二章　效益分析

　　杜鹃花的根、叶作药用，根利尿、驳骨、祛风湿，治跌打腹痛，叶可止血；花果入药，有镇痛、镇静之功。杜鹃花由于观赏价值高，花期早，花期长，在国内外广泛应用于城乡园林绿化中，已成为不少地方调整产业结构，农业增产，农民增收的主要产业之一，有着广泛的市场开发潜力。

一、经济价值

（一）药用价值

公元 220—265 年的《神农本草经》中已有关于杜鹃花（实为羊踯躅 _R. molle_）药用的记载，"踯躅，味辛温有毒，主贼风在皮肤中淫淫痛，温疟恶毒诸痹。"杜鹃花用于栽培观赏则大约始于唐代。据《丹徒县志》记载："鹤林寺杜鹃花，……相传唐贞元元年（公元 785 年）有外国僧自天台钵盂中以药养根来种之……"。文中提及的杜鹃花应为江浙一带山区广泛分布的映山红（_R. simsii_）和满山红（_R. mariesii_）等。杜鹃花中能作药用的种类很多，杜鹃花的根、叶作药用，根利尿、驳骨、祛风湿，治跌打腹痛，叶可止血。果亦作药用，在印度用作治疗脓肿、溃疡、肿瘤、皮肤病、痔疮、发疹、风湿、支气管炎等症。明李时珍《本草纲目》有载："羊踯躅释名黄踯躅，黄杜鹃，羊不食草，闹羊花，花气味辛温有大毒……治风疾注痛，通风走穴，风湿痹痛……"。据《国药的药理学》载，羊踯躅含天仙子胺和东莨菪碱，可作散瞳药，对瞳孔有扩大作用。因其全株有剧毒，严禁内服。花果入药，有镇痛、镇静之功，多用于麻醉用和浸药酒用。近年来，也有研制用作气管炎的原料。

羊踯躅又因其全株有毒，也常作为农药，对褐稻虱、蚜虫、稻纵卷叶螟等有触杀作用。民间常采用其叶或花冲烂作外敷，用以治疗皮炎、癣疮等（图 2-1）。

马缨杜鹃，云南民间常用花供药用，有清热解毒、治血调经之功效，主治骨髓火、消化道出血、月经不调等症。

满山红，全株可入药，有祛痰止咳、平喘之功效，主治急慢性气管炎、感冒咳嗽等。

近年来，我国药物学家从百里香杜鹃、满山红杜鹃等 10 余种杜鹃花中分离得到了黄酮类、香豆精类、挥发油、毒素等数十种化学成

图2-1　羊踯躅

分，以供药用。

（二）经济效益

　　杜鹃花中的百里香杜鹃、腋花杜鹃、毛喉杜鹃、密枝杜鹃、樱花杜鹃等品种具有浓郁的香味，其叶片是提炼芳香油的上好原料，芳香油是配制调和香精的优良原料。

　　长蕊杜鹃、牛皮杜鹃、映山红等品种的树皮、叶片、根茎等部位富含丰富的鞣质，可提取栲胶，而栲胶是制革、渔网制造、墨水、纺织印染、石油、化工、医药等工业和蒸汽锅炉的软水剂等不可缺少的原料。

马缨杜鹃、大树杜鹃、阔叶杜鹃等品种木材粗大，材质较轻至重，柔至重，纹理直行，年轮明晰，易于施工，能制作木碗、木盘、烟斗等各种类型的手工艺品。

二、社会及生态效益

（一）社会效益

杜鹃花是中国十大传统名花之一，在自然界有广泛的分布，它是木本花卉中资源丰富的花卉植物。

杜鹃花有悠久的人工栽培历史，我国的唐代就把杜鹃花作为庭院栽培的珍贵花木，在欧洲也有350多年的栽培历史。在漫长的栽培发展中，杜鹃花出山林入庭院，从中国到海外，从自然景观到花卉市场，已成为人们喜爱的常用花。

杜鹃花由于观赏价值高，花期早，花期长，目前在国内外广泛应用于城乡园林绿化中，杜鹃花栽培已成为不少地方调整产业结构，农业增产增效，农民增收的主要产业之一。"中国杜鹃花之乡"宁波柴桥70％农民收入来自以杜鹃花为主的花木产业（图2-2）。

（二）生态效益

杜鹃花的树形和花色都适合园林栽培需要，是园林中的生态花，大部分的杜鹃花能抗二氧化硫、臭氧等气体的污染，如石岩杜鹃在高二氧化硫污染源300多米的地方，也能萌芽抽枝，正常生长。杜鹃花对氨气很敏感，可作监测氨气的指示植物，具有一定的吸收有害气体的功能，能够吸收和抵抗二氧化硫（图2-3）。

图2-2　杜鹃花工厂化生产

图2-3　连片生长的杜鹃花

三、市场前景及风险防范

（一）市场前景

杜鹃花的许多种类早在 100 多年前就被引种到西方国家，全世界注册的杜鹃花园艺品种约有 28 000 余个，美国栽培的杜鹃花杂交品种已超过 5 000 个，欧洲则更多；日本已达到 2 000 余个。在世界花卉市场上，比利时年产杜鹃花近 7.5 亿株，丹麦近 7 亿株，德国近 4 亿株。在英国，杜鹃花产业已成为一种规模化的产业，几乎有苗木出售的地方就有杜鹃花。

我国是杜鹃花园艺栽培品种生产经营和应用最多的国家，据不完全统计，截至 2010 年，我国杜鹃花生产面积在 2 500 公顷以上，其中地栽杜鹃花年产量在 3.5 亿株以上，盆栽杜鹃花年产量 5 000 万盆。其中东北地区以辽宁丹东为主，中部地区以浙江宁波、江苏宜兴为主，西南地区以云南、重庆为主，东南地区以福建漳平为主，几个主产区占总生产面积的 70% 左右。杜鹃花有着广泛的市场开发潜力。

（二）风险防范

1. 种植与环境

杜鹃花并不是所有地方都可以种植，也不是任何地方都可以种植出优质、健壮的植株。因此，种植前首先要选择适宜的气候与土壤，了解当地的社会经济条件；其次要分清品系和品种；最后要避免有检疫性病虫害的苗木引入。当然，各地也可选择适宜的小气候或在有设施保护的环境下栽培。

2. 生产与销售

目前浙江杜鹃花种植已有一定的面积，产量和效益也比较可观。因此，浙江杜鹃花产业随着投产面积进一步扩大，种植者须谨慎对待，种植杜鹃花必须防止自身经济效益受损。建议从保护和开发利用我国丰富的杜鹃花资源出发，提高园艺品种的创造性和开发利用水平，培育自己的当家品种。创新生产方式，打破"小而全"或"大而全"的生产模式，全力开发和推广花卉设施栽培技术。科技上游与企业生产相结合，增强技术创新能力，完善新品种选育、花卉设施栽培技术的开发与利用、花卉现代流通体系的建立等方面。精品杜鹃花生产需规模化和大众化，扩大消费群，高档盆花价格合理归位，以获得更高的综合经济效益（图 2-4）。

图2-4 杜鹃花生产销售

第三章　关键技术

　　杜鹃花种植的关键技术可以分为产前、产中和产后三个阶段，产前技术主要是选择适合本地种植的优良品种，确定适宜的种植环境；产中技术主要是杜鹃花的栽培管理、土壤管理、肥料管理、水分管理和病虫害防控；产后技术主要是盆景造型和园林应用。

一、主要品种

（一）主要品系

由于以往国内对杜鹃花园艺品种的分类缺乏明确的界定标准，也没有统一的命名法规和新品种登记制度，因此，国内对杜鹃花园艺品种的分类并不统一，各地根据其花期、花型、株形、叶形，习惯性地将其粗分为"四大"品系：即春鹃品系、夏鹃品系、西鹃品系和高山杜鹃品系。

1. 春鹃（图3-1）

春鹃，因其花期在春季的4—5月而得名。亦称东鹃，最早是由中国杜鹃花传入日本后与当地杜鹃花杂交后繁育形成的园艺品种。目前国内种植的春鹃园艺品种有较大比例是国内自然杂交和人工杂交所产生的园艺新品种。其植株低矮、枝条细软，无序发枝、横枝多。叶

图3-1　春鹃

卵形，叶小而质薄、毛少、嫩绿色、叶面大多有光泽。花蕾生枝端3~4个，每蕾有花1~3朵，多时4~5朵，小花密集，先花后叶，开花时见花不见叶。花冠漏斗状，多数由花萼演变而成内外2套，称为双套、夹套。花色有红、粉、白、绿、紫、雪青、镶边、洒锦等。花型各异，质感似绢，花朵小巧玲珑而密集。7—8月老叶凋落，同时花芽形成。不耐强光，萌发力强，极耐修剪，花、枝、叶均纤细，是制作杜鹃花盆景的优良素材。

东鹃的品种特性如下。

（1）套筒现象（图3-2）。东鹃大多由萼片瓣化而成花瓣，从而形成套筒。内外瓣2重，各5枚，内外瓣长宽几乎相等，两轮相叠，雌雄蕊发育良好，花形娇小，花姿娟秀。

图3-2　春鹃套筒现象

（2）芽变现象。杜鹃花花色主要由花瓣细胞里含有的花青素和不同的有色体决定的，含花青素的花瓣，会呈现红、蓝、紫等色，含有色体的花瓣，会呈现黄、橙黄或橙红等色，两者全有的会呈现什锦色，也称复色，两者全无的则呈白色。杜鹃花中的花青素和有色体在一定的条件影响下会发生演变。

芽变，俗称串色，是由控制花色的遗传基因重组突变而成，一般变色不变形，或花色的变异显著，花朵、枝叶无变化。春鹃的芽变现象比较普遍，且性状也比较稳定，到目前为止衍生了许多新的品种，这些新品种在栽培管理上也没有出现退化的现象，例如粉珊瑚是由红珊瑚芽变而成，白大乔芽变成红大乔和五色大乔，形成一树3色的奇特景观（图3-3）。

图3-3　白大乔芽变成红大乔和五色大乔

（3）先花后叶。东鹃是先花后叶或花叶同放的典型品种，春天花朵密集群生，整个植株只见花不见叶，花谢后新梢抽出，侧枝萌发。

（4）变叶现象（图3-4）。东鹃中的有些品种在秋天特别是霜冻后叶片转为红褐色，尤其是吐蕊玫瑰和国旗红这两个品种特别明显。

图3-4　国旗红冬叶由绿变红或褐色

（5）理想的盆景材料。该类杜鹃花生长旺盛，萌发力强，很耐修剪，且枝条细软，易于造型，每年在嘉善地区举办的杜鹃花展中展出的杜鹃花盆景，具有丰富的文化内涵和观赏价值，这也是春鹃的一大特色。

在一些分类里，将毛鹃也归为春鹃品系内，毛鹃是指先开花后发芽，4—5月开花的品种，因其开花在春季，有些地方也称春鹃，但因其叶面多毛，常称毛鹃。它是白花杜鹃、锦绣杜鹃原种的变种和杂交种。常绿，直立，植株强健，长势旺盛，枝条扩张向上，叶大、长椭圆形，表面密布绒毛。花簇生顶端，布满枝头，一苞有三朵花，花大，花冠宽喇叭状，多数单瓣，有大红、深红、粉、紫、白等色。花后发3~5枝或6~7枝新梢，7—8月开始形成花芽。耐寒，多为地栽，由于繁殖生长快，抗性强，主干粗壮，枝条又较易于造型，多应用于园林造景或者作为嫁接的砧木。

2. 夏鹃（图3-5）

春天先抽枝发叶而后开花，因通常在5月下旬至6月初开花而得名，夏鹃的主要亲本据说是皋月杜鹃。夏鹃为开张性常绿灌木，株形低矮，萌发力强，树冠丰满，耐修剪，叶互生、节间短，稠密，叶长3~4厘米，阔1~2厘米，狭披针形至倒披针形，叶质厚、色深、多毛，霜后叶片呈红色。花通常为宽喇叭状，口径一般5厘米左右，大的有7~8厘米；有

图3-5 夏鹃

单瓣、重瓣和套瓣，花瓣变化大，有圆、光、软硬、波浪状和皱曲状等。花色丰富，有红、紫、白、粉、复色等多种。

夏鹃是杜鹃花中抗性较强的一个种类，所以除了盆栽外也常常被用在园林绿化中作色块地栽。

3. 西鹃（图3-6）

西鹃因其花大色艳而受人喜爱，早期的西鹃主要是中国杜鹃花传入欧洲后与当地杜鹃花杂交后培育的园艺品种，引入国内后人们习惯地按引入地域把它称作西鹃。

图3-6 西鹃

西鹃植株低矮，枝形半张开、生长慢，枝条粗短有力，当年生枝绿色或红色，与花色相关，红枝多开红花，绿枝常开白、粉白、桃红色花；叶片宽大厚实，色深绿，集生枝顶，叶面大多有光泽，毛少，形状变化多端；花形硕大，直径可达6~8厘米，最大可达10厘米以上；多数重瓣，花瓣形态及花色变化丰富，观赏价值较高，且开花不绝。

西鹃中的许多品种经过温室花期调控可提早至元旦、春节等节日开放，在历年的年宵花中都占有较高的比例。

4. 高山杜鹃（图3-7）

常绿灌木或小乔木，株高1~3米，枝条粗壮，叶丛生于枝顶，厚革质，4—5月开花，花型以单瓣为主，也有少量套瓣、重瓣，花期1个月左右，花开繁密，雍容华贵，花色有白、粉、淡红、桃红、雪青等色，一般

图3-7 高山杜鹃

生长在海拔600~800米的山野间，喜冷凉气候，适应性强，经过人工驯化、培育，可望成为园林绿地中的常绿观赏植物。

（二）品种介绍

1.春鹃系列

（1）外国红（艳阳天）（图3-8）。该品种花瓣粉红色，喉点深红；套瓣，内外套同大；冠径3.7～4.0厘米，筒高3.0～3.7厘米；瓣长圆，两侧常向外翻，宽1.3～1.5厘米；雌蕊、雄蕊略高于花冠；蕾顶生，1～3朵；叶宽卵形，端圆，长2.3～2.5厘米，宽1.0～1.3厘米；花期4月中上旬。

图3-8 外国红（艳阳天）

（2）琉球红（图3-9）。该品种花瓣火红色，喉点色深；套瓣，内外套同大；冠径3.3～3.5厘米，筒高3.2～3.5厘米；瓣长，端尖，内套呈五星状，宽0.9～1.1厘米；蕾顶生，1～3朵；梗红色；叶长卵，色深，面平，多毛，尖点淡红，长2.2～2.4厘米，宽0.8～0.9厘米；新梢梗红色，新叶尖点红；花期4月中下旬。

图3-9 琉球红

（3）粉妆楼（嘉兴小桃红）（图3-10）。该品种花瓣桃红色，筒底色深，无喉点；套瓣，内外套同大；冠径2.3～2.6厘米，筒高2.4～2.6厘米；瓣长圆，端圆，宽0.9～1.0厘米；雄蕊低于花冠，花丝、花柱深红色；蕾顶生，2～3朵；叶小卵形，面光，略上翘，长1.6～2.3厘米，宽0.9～1.04厘米；花期4月上旬。

图3-10 粉妆楼（嘉兴小桃红）

图3-11 绿色光辉

图3-12 白屏幅

图3-13 套半朱砂

（4）绿色光辉（图3-11）。该品种花瓣初期绿色，生长后期渐变成白色；重瓣；冠径4.7~5.5厘米，筒高3.1~3.4厘米；瓣圆形，边缘有波浪卷，宽2.2厘米；雌蕊、雄蕊发育正常，均低于花冠；蕾顶生，花开如球状；叶长卵至阔卵形，色深，面平，叶面光滑，长2.7~2.8厘米，宽1.5~1.6厘米；花期4月中下旬至5月初。

（5）白屏幅（图3-12）。该品种花瓣白色，喉点绿色；套瓣，内外套同大；冠径3.7~4.0厘米，筒高3.2~3.5厘米；瓣长圆，两侧常向外翻，宽1.1厘米；雌蕊、雄蕊正常，略高于花冠；蕾顶生，1~3朵；叶宽卵形，端圆，尖点白，长2.0~2.6厘米，宽1.1~1.7厘米；新梢梗绿色，新叶尖点白；花期4月中下旬。芽变品种有红屏幅和粉屏幅。

（6）套半朱砂（图3-13）。该品种花瓣火红色，喉点深红；套瓣，内外套同大；冠径3.4~3.8厘米，筒高2.8~3.2厘米；瓣长圆，背面中部有粉白色条纹，宽1.1厘米；雌蕊、雄蕊正常，均高于花冠，雄蕊5枚；蕾顶生，2~3朵，常为2朵；叶卵形，面平，端圆，尖点红，长

1.9~2.2 厘米，宽 1.1~1.4 厘米；新
梢梗淡红色；花期 4 月上旬。芽变品
种有粉朱砂。

（7）小玫瑰（图 3-14）。该品
种花瓣玫瑰红色，喉点色深；套瓣，
外套略小；冠径 2.9~3.2 厘米，筒高
2.4~2.6 厘米；瓣长圆，宽 0.8~1.1
厘米；雌蕊、雄蕊高于花冠，深红
色；蕾顶生，1~3 朵；叶小卵形，
面平，端圆，叶长 1.2~1.8 厘米，宽
0.7~0.8 厘米；花期 4 月上旬。

图3-14　小玫瑰

（8）吐蕊玫瑰（图 3-15）。该
品种花瓣玫瑰红，喉点色深；套瓣，
内外套同大；冠径 2.6~3.0 厘米，筒
高 2.0~2.2 厘米；瓣长圆，外套常
见发育不全，多缺损；雌蕊高于花
冠，雄蕊 5 枚，略低于花冠；蕾顶
生，2~4 朵；叶卵圆形，长 1.1~1.4
厘米，宽 0.7~0.8 厘米；新梢梗深
红色，新叶尖点绿白或淡红色；花
期 4 月上中旬。

（9）梅花茸（图 3-16）。该品
种花瓣粉红色，筒底泛绿白，喉点
无或少；套瓣，状如梅花；冠径
2.7~2.9 厘米，筒高 2.7~2.8 厘米；
瓣长圆，端略尖，外套边缘有波浪
形，宽 1.1~1.2 厘米；雌蕊、雄蕊正
常，高度与冠平；蕾顶生，2~4 朵；

图3-15　吐蕊玫瑰

图3-16　梅花茸

图3-17 大朱砂

图3-18 大青莲

图3-19 笔止

叶长卵，端圆，略上翘，多毛，尖点白，长2.1~2.7厘米，宽1.1~1.5厘米；分枝多，长势强；花期4月上中旬。

（10）大朱砂（图3-17）。该品种花瓣深红色，喉点紫红；套瓣，内外套同大；花冠钟形，冠径3.6~3.8厘米，筒高3.4~3.9厘米；瓣圆阔，宽1.5~1.8厘米；雌蕊、雄蕊正常，均低于花冠；蕾顶生，1~3朵；叶卵圆形，面较平，尖点红，长2.3~3.0厘米，宽1.1~1.4厘米；花期4月中旬。

（11）大青莲（图3-18）。该品种花瓣青紫色，喉点色深；套瓣；冠径4.2~4.6厘米，筒高3.4~3.6厘米；瓣长圆，端略尖，外套边缘有缺损，宽1.3~1.4厘米；雌蕊、雄蕊正常，高度与冠平；蕾顶生，2~4朵；叶长卵，端圆，略上翘，多毛，尖点白，长2.4~3.3厘米，宽1.3~1.5厘米；分枝多，长势强；花期4月上中旬。

（12）笔止（图3-19）。该品种花瓣紫色，喉点色深；套瓣，内外套同大；冠径2.9~3.1厘米，筒高2.3~2.6厘米；瓣长圆，宽0.7~0.8厘米；雌蕊、雄蕊正常，略高于花冠；蕾顶生，2~3朵；叶小，卵形，面平，端圆，尖点白或红，长1.6~1.9厘米，宽0.7~0.9厘米；新梢梗深红色，新叶尖点白；花期4月中旬。

（13）五色大乔（图3-20）。该品种花瓣白色，洒红点、线、条，喉部黄绿晕；套瓣，内外套同大；冠径3.5~3.6厘米，筒高3.2~3.4厘米；瓣明显起皱，宽1.2厘米；雌蕊、雄蕊正常，均不高于花冠；蕾顶生，2~3朵，花开繁密；叶倒卵形，面平，略向上翘，端圆，尖点白，长2.2厘米，宽0.8~0.9厘米；新梢梗绿色，新叶尖点白；花期4月上中旬。

图3-20 五色大乔

（14）大鸳鸯锦（图3-21）。该品种花瓣整齐呈白色，洒少量淡紫色点、线、条，喉部有绿晕；套瓣，外套发育不完全，多缺损；冠径5.2~6.2厘米，筒高3.6~4.4厘米；瓣长圆，宽1.7~1.8厘米；雌蕊、雄蕊高度相近，与花冠略平；蕾顶生，2~3朵；叶较小，雀舌状，端部圆，尖点白，长3.1~3.5厘米，宽1.3厘米；新梢呈绿色，新叶尖点白；花期4月中下旬。

图3-21 大鸳鸯锦

图3-22 吉见戈玉

图3-23 红月

图3-24 双套大乔

（15）吉见戈玉（图3-22）。该品种花瓣粉红色，喉点色深；套瓣，外套小，有缺损；冠径3.3~3.8厘米，筒高2.9~3.2厘米；瓣长圆，端略尖，宽1.2~1.4厘米；雌蕊、雄蕊高于花冠，雄蕊5枚，花药褐色；花梗长0.9厘米；蕾顶生，1~3朵，常见数个花蕾聚集枝头，花开繁密，呈球状；叶阔卵形，端圆，尖点白或粉红色，长1.8~2.3厘米，宽1.2~1.4厘米；新梢梗绿色，新叶尖点白；花期4月中旬。

（16）红月（图3-23）。该品种花瓣初时红色，后颜色变淡，喉点对面广，色深；套瓣，内外套同大，花冠丰满，状如圆月；冠径4.3~4.7厘米，筒高2.9~3.3厘米；瓣圆阔，宽1.6~1.8厘米；雌蕊、雄蕊正常，高度与冠平；蕾顶生，1~3朵；叶长卵，色深，面平，端圆，长2.1~3.0厘米，宽1.0~1.2厘米；新梢梗绿色，新叶尖点白；花期4月上中旬。

（17）双套大乔（图3-24）。该品种花瓣白色，洒红条，无喉点；套瓣，内外套同大；冠径3.0~3.2厘米，筒高2.3~2.7厘米；瓣长圆，宽1.4~1.5厘米；雌蕊与花冠平，雄蕊5~6枚；蕾顶生，2~3朵；叶狭长披针形，平整或扭曲，尖点白，长 0.9~1.0 厘米，宽 2.5~3.1 厘米；新梢梗绿色，新叶尖点白；花期 4 月上中旬。芽变品种有红色大乔和白色大乔。

（18）小青莲（图 3-25）。该品种花瓣青紫色，喉点色深；套瓣，内外套同大；冠径 3.0~3.1 厘米，筒高 2.3~2.6 厘米；瓣长圆，端略尖，宽 0.9~1.0 厘米；雌蕊、雄蕊正常，均高于花冠；蕾顶生，1~3 朵，枝顶常有多个花蕾聚集，花开繁密；叶宽卵形，端圆，长

图3-25　小青莲

1.8~2.0 厘米，宽 1.1~1.2 厘米；花期 4 月中上旬。

（19）彩五宝（图 3-26）。该品种花瓣粉红色，外套色深，套瓣，内外套同大，筒底泛白；常见花瓣洒较多红点、线、条，无喉点；冠径 2.5~3.0 厘米，筒高 2.9~3.2 厘米；瓣长圆，端起角，长 3.2 厘米，宽 1.4 厘米；雌蕊、雄蕊正常，均于花冠平；蕾顶生，2~3 朵；叶卵形，较小，面平，端圆，尖点白，长 2.1~2.2 厘米，宽 0.8~1.1厘米；新梢梗绿色，新叶尖点白；花期 4 月中旬。芽变品种有红彩五宝。

图3-26　彩五宝

图3-27　紫高玉

图3-28　状元红

图3-29　胭脂

（20）紫高玉（图3-27）。该品种花瓣淡紫红色，套瓣，筒底泛白，无喉点；冠径3.2~3.4厘米，筒高2.6~2.9厘米；瓣长圆，质薄、软，面皱，宽1.0~1.1厘米；雌蕊、雄蕊正常，略高于花冠；蕾顶生，2~4朵簇生；叶长卵，端尖，尖点白，长3.2~3.3厘米，宽1.2~1.4厘米；新梢分枝多，枝条绿色，新叶尖点白；花期4月中上旬。

（21）状元红（图3-28）。该品种花瓣紫红色，喉点色深；套瓣，内外套同大；冠径3.4~4.0厘米，筒高2.6~3.2厘米；瓣长圆，端起角，宽1.5~1.8厘米；雌蕊、雄蕊较短，缩于筒底；蕾顶生，2~3朵；叶卵形，稍扭，下面常见黑色色斑，端略尖，尖点白，长2.1~2.4厘米，宽1.0~1.1厘米，冬季稍有落叶；新梢梗绿色，新叶尖点白；花期4月中下旬。

（22）胭脂（图3-29）。该品种花瓣淡青色，喉点紫红色；套瓣，内外套同大；冠开张，冠径3.3~3.6厘米，筒高2.4~2.7厘米；瓣圆阔，宽1.2~1.3厘米；雌蕊、雄蕊正常，均远高于花冠；蕾顶生，1~3朵；叶卵圆形，端圆钝，面平，尖点白，长 2.1~2.5 厘米，宽 1.2~1.4 厘米；新梢梗绿色，新叶尖点白；花期 4 月中旬。

（23）新天地（图 3-30）。该品种花瓣粉红色，筒底泛白，无喉点，娇艳；套瓣，内外套同大；冠径 3.2~3.4 厘米，筒高 2.5~2.9 厘米；瓣长圆，外套边缘有缺损，端圆，宽 1.2~1.4 厘米；雌蕊、雄蕊发育正常，均高于花冠；蕾顶生，2~3 朵，枝顶常聚集多个花蕾；叶卵形，尖点白，长 1.8~2.1 厘米，宽 0.9~1.0 厘米；新梢梗绿色，新叶尖点白；花期 4 月中下旬。

图3-30　新天地

（24）小知春（图 3-31）。该品种花瓣粉紫色，稍淡，无喉点；套瓣，内外套同大；冠径 2.8~3.1 厘米，筒高 2.5~2.8 厘米；瓣长圆，外套边缘稍有锯齿，端圆，宽 0.9~1.1 厘米；雄蕊、雌蕊与花冠平；蕾顶生，2~3 朵；叶卵形，尖点白，长 2.4~2.7 厘米，宽 1.1~1.5 厘米；花期 4 月中下旬。

图3-31　小知春

（25）云裳（图 3-32）。该品种花瓣白色，洒红条，无喉点；套瓣，内外套同大；冠径 3.1~3.2 厘米，筒高 2.5~2.7 厘米；瓣长圆，宽 1.0~1.1 厘米；雌蕊与花冠平，雄蕊

图3-32　云裳

5~6枚，花药黄白色，缩于花筒中部；蕾顶生，3~4朵；叶狭长披针形，平整或扭曲，尖点白，长2.5~2.7厘米，宽1.3~1.7厘米；花期4月中下旬。

（26）大和之春（图3-33）。该品种花瓣淡粉紫色，喉点紫色；套瓣，内外套同大；冠径4.8~5.6厘米，筒高3.4~3.5厘米；瓣长圆，边缘波曲，宽1.5~1.7厘米；雌蕊白色，远高于花冠，雄蕊5枚，花丝白色，远高于花冠；蕾顶生，3~5朵，常为4朵簇生，花开繁密；叶长卵，面稍平，端略尖，尖点白，长2.3~2.5厘米，

图3-33 大和之春

宽0.8~0.9厘米；新梢梗绿色，新叶尖点白；花期4月下旬。

（27）嫣红（图3-34）。该品种花瓣桃红色，喉点深红色；套瓣，内外套同大；冠径3.7~4.2厘米，筒高3.2~3.5厘米；瓣长圆，边略波，宽1.7~1.9厘米；雌蕊、雄蕊正常，雄蕊低于花冠；蕾顶生，1~3朵；花梗深红色；叶卵形，端尖，长2.8~4.5厘米，宽1.1~1.9厘米；新梢梗深红色，新叶尖点白或淡红；花期4月中下旬。

图3-34 嫣红

（28）玛瑙（图3-35）。该品种花瓣粉紫色，喉点紫色；单套；冠径3.2~3.3厘米，筒高2.6~2.8厘米；瓣尖圆，宽0.8~0.9厘米；雄蕊高于花冠，雌蕊与花冠平；蕾顶生，1~2朵；叶卵圆形，长1.3~2.0厘米，宽0.8~1.3厘米；花期4月下旬。

（29）国旗红（图3-36）。该品种花瓣红色，喉点深红色；套瓣，内外套同大；冠径3.7~4.1厘米，筒高2.8~3.0厘米；瓣长圆，边略波，宽1.0~1.1厘米；雌蕊、雄蕊正常，雄蕊低于花冠；蕾顶生，1~3朵；叶卵形，端圆，有紫斑，尖点红，长1.8~2.0厘米，宽1.0~1.1厘米；新梢梗深红色，新叶尖点白或淡红；花期4月上中旬。

（30）醉海棠（图3-37）。该品种花瓣粉紫色，喉点紫红色；套瓣，内外套同大；冠径3.6~4.0厘米，筒高2.0~2.8厘米；瓣飞舞，后翻，宽1.0~1.1厘米；雌蕊高于花冠，雄蕊5枚，高于花冠；蕾顶生，2~3朵，常为3朵；叶长卵，面平，端圆，尖点白，长1.8~2.1厘米，宽0.7~0.8厘米；枝形较散，新梢梗绿色，新叶尖点白；花期4月中下旬。

图3-35　玛瑙

图3-36　国旗红

图3-37　醉海棠

图3-38　紫凤（紫金冠）

图3-39　紫鹃

图3-40　蓝樱

（31）紫凤（紫金冠）（图3-38）。该品种花瓣紫色；重瓣；冠径5.0~5.4厘米，筒高3.8~4.2厘米；瓣圆形，边缘有波浪卷，宽1.5~1.9厘米；雌蕊、雄蕊均缩于花筒内；蕾顶生，花开如球状；叶长卵至阔卵形，色深，面平，叶面光滑，长3.1~3.4厘米，宽1.4~1.5厘米；花期4月中下旬至5月初。

（32）紫鹃（图3-39）。该品种花瓣深紫色，套瓣；冠径2.9~3.2厘米，筒高2.5~2.8厘米；瓣长圆形，内套一般不开放或少有开放，瓣缘有破损，宽0.8厘米；雄蕊、雌蕊发育正常；蕾顶生，3~4朵；叶长圆形，长2.1~2.4厘米，宽1.0厘米；花期4月下旬。

（33）蓝樱（图3-40）。该品种花瓣青紫色，喉点紫红色；套瓣，内外套同大；冠径3.8~4.0厘米，筒高2.2~2.9厘米；瓣圆阔，端起角，宽1.4~1.6厘米；雌蕊高于花冠，雄蕊低于花冠；蕾顶生，1~4朵；叶宽卵形，端圆，尖点白，长2.2~2.6厘米，宽1.0~1.3厘米；新梢梗绿色，新叶尖点白；花期4月中旬。

（34）樱红（图3-41）。该品种花瓣红色，喉点紫红色；套瓣，内外套同大；冠径4.2~4.4厘米，筒高3.2~3.3厘米；瓣长圆，宽1.4~1.5厘米；雌蕊、雄蕊同高，均低于花冠，雄蕊6~9枚，花药褐色；蕾顶生，2~3朵，常为3朵；叶卵形，长2.3~2.6厘米，宽1.1~1.3厘米；新梢梗绿色，新叶尖点白；花期4月中旬。

图3-41　樱红

（35）陶菊如（图3-42）。该品种花瓣粉白色，边缘色深，喉点紫红色；套瓣，内外套同大；冠径3.2~3.8厘米，筒高2.7~2.8厘米；瓣长圆，边略波，宽1.1~1.2厘米；雌蕊与花冠平，雄蕊6~9枚，略高于花冠；蕾顶生，2~3朵；叶卵形，端圆，面略凹，尖点白，长1.5~2.1厘米，宽0.7~0.8厘米；枝形较散，新梢梗绿色，新叶尖点白；花期4月中下旬。

图3-42　陶菊如

（36）丹岫玉（图3-43）。该品种花瓣绿白色；重瓣；冠径4.5~4.9厘米，筒高3.1~3.7厘米；瓣圆形，边缘稍有波浪卷，宽1.7~2.1厘米；雌蕊、雄蕊发育正常，均低于花冠；蕾顶生，1~3朵；叶长卵形，色深，面凹，叶面光滑，长3.7~5.0厘米，宽1.3~1.8厘米；花期4月中下旬。

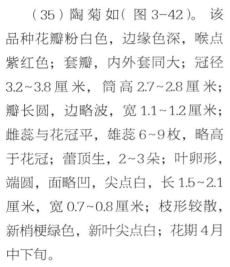

图3-43　丹岫玉

图3-44　春水绿波

图3-45　西施

图3-46　火凤凰

（37）春水绿波（图3-44）。该品种花瓣白色，喉点绿色；套瓣；冠径5.2~5.7厘米，筒高3.4~3.7厘米；瓣长圆，宽1.7~1.8厘米；雌蕊、雄蕊均缩于花筒内；蕾顶生，2~4朵；叶长卵形，长3.0~3.5厘米，宽1.6厘米；花期4月中下旬。

（38）西施（图3-45）。该品种花瓣粉红色，喉点紫色；套瓣，内外套同大；冠径3.6~4.1厘米，筒高2.6~2.9厘米；瓣阔圆，花瓣边缘稍有褶皱，端圆，宽1.2~1.5厘米；雌蕊、雄蕊低于花冠；蕾顶生，2~3朵，一般3朵；叶长椭圆形，尖点白，长2.2~2.9厘米，宽1.2~1.8厘米；花期4月下旬。

（39）火凤凰（图3-46）。该品种花瓣深红色，喉点紫红；套瓣，内外套同大；冠径4.1~4.7厘米，筒高3.1~3.4厘米；瓣长圆，宽1.4~1.5厘米；雌蕊、雄蕊正常，均低于花冠；蕾顶生，1~3朵；叶卵圆形，面较平，尖点红，长2.6~2.9厘米，宽1.4~1.5厘米；花期4月上中旬。

（40）松江桃红（图3-47）。该品种花瓣青紫色，喉点色深；套瓣；冠径5.3~5.7厘米，筒高3.9~4.2厘米；瓣长圆，端圆，外套边缘有缺损，宽1.5~1.7厘米；雌蕊、雄蕊正常，低于花冠；蕾顶生，2~4朵；叶长卵，端圆，略上翘，多毛，长3.3~4.1厘米，宽1.6~1.8厘米；花期4月中下旬。

图3-47 松江桃红

（41）爱丁堡（图3-48）。该品种花瓣青紫色，喉点色浅；套瓣；冠径4.0~4.4厘米，筒高3.1~3.5厘米；瓣长圆，端圆，宽1.0~1.2厘米；雌蕊、雄蕊正常，低于花冠；蕾顶生，2~3朵；叶卵形，端圆，长2.6~2.9厘米，宽1.0~1.2厘米；花期4月下旬。

图3-48 爱丁堡

（42）小鸳鸯锦（图3-49）。该品种花瓣白色，洒淡紫色点、线、条，喉部有绿晕；套瓣，面皱；冠径4.1~4.8厘米，筒高2.7~3.1厘米；瓣长圆，宽1.4~1.6厘米；雌蕊、雄蕊低于花冠；蕾顶生，2~3朵；叶较小，雀舌状，端部圆，长2.1~2.4厘米，宽0.6~0.7厘米；花期4月中下旬。

图3-49 小鸳鸯锦

图3-50　花蝴蝶

图3-51　红珍珠

图3-52　红珊瑚

（43）花蝴蝶（图3-50）。该品种花瓣粉紫色，喉点紫红色；套瓣，内外套同大；冠开张，外套边缘略有缺损；冠径4.4~4.7厘米，筒高3.3~3.6厘米；瓣长圆，后翻，宽2.0厘米；雌蕊、雄蕊正常，均略高于花冠；蕾顶生，2~3朵；叶卵圆形，端圆，尖点白，长3.6~4.2厘米，宽1.8~2.2厘米；枝形较散，新梢梗绿色，新叶尖点白；花期4月中下旬。

（44）红珍珠（图3-51）。该品种花瓣淡紫红色，喉点不明显；单瓣；冠径2.9~3.1厘米，筒高2.9~3.1厘米；瓣长圆，端稍尖；边缘有小缺损，宽1.0~1.1厘米；雌蕊正常，高于花冠，雄蕊5枚，缩于筒底；蕾顶生，2~4朵；叶长卵形，面平，端圆略凹，尖点绿白，长1.2~1.6厘米，宽在0.7~0.9厘米；新梢梗绿色，新叶尖点白；花期4月中旬。

（45）红珊瑚（图3-52）。该品种花瓣红色，喉点深红；套瓣，内外套同大；冠径5.2厘米，筒高3.5厘米；瓣长圆，宽1.0~1.5厘米；雌蕊、雄蕊发育正常，均低于花冠；蕾顶生，常见5朵，花开如球状；花梗绿色，长0.5厘米；叶长卵至阔卵形，色深，面平，尖点白，长5.0~5.5厘米，宽1.6~2.0厘米；新梢梗绿色，新叶尖点白；花期4月下旬。芽变品种有粉珊瑚。

（46）红装素裹（图3-53）。该品种花瓣粉白色，边缘酡颜红；套瓣，边缘稍有微卷；冠径2.2~2.5厘米，筒高2.5~2.6厘米；瓣长圆，宽0.9~1.1厘米；雌蕊、雄蕊白色，高于花冠；蕾顶生，1~3朵；叶卵形，尖点白，长1.5~2.6厘米，宽0.9~1.4厘米；新梢绿，新叶尖点白；花期4月中下旬。

图3-53　红装素裹

（47）玉霜（图3-54）。该品种花瓣粉白色，无喉点；套瓣，冠径3.1~3.5厘米，筒高2.9~3.2厘米；瓣长圆，略尖，宽1.0~1.2厘米；雌蕊与花冠平，雄蕊5枚，萼片绿色，蕾顶生，2~3朵；叶长卵，面平，长1.9~2.7厘米，宽1.2~1.3厘米；花期4月中旬。

图3-54　玉霜

（48）水之山川（图3-55）。该品种花瓣白色，喉点绿色；单瓣；冠径3.5~4.1厘米，筒高2.8~3.1厘米；瓣圆，端尖，宽1.4~1.6厘米；雄常见5枚，雌蕊、雄蕊均低于花冠；蕾顶生，1~2朵，常为2朵，叶卵形，面平，尖点白，3.9~4.1厘米，宽1.5~1.6厘米；花期4月中旬。

图3-55　水之山川

图3-56　杨小白

图3-57　西塘小桃红

图3-58　雨打桃花

（49）杨小白（图3-56）。该品种花瓣纯白色，喉点绿色；套瓣，内外套同大；冠径3.2~3.6厘米，筒高2.7~2.8厘米；瓣飞舞，后翻，宽0.9~1.3厘米；雌蕊高于花冠，雄蕊5枚，高于花冠；蕾顶生，2~3朵，常为3朵；叶长卵，面平，端圆，尖点白，长2.0~2.1厘米，宽0.8~1.1厘米；花期4月中旬。

（50）西塘小桃红（图3-57）。该品种花瓣粉紫色，有花斑，喉点绿色；套瓣，内外套同大；冠径3.0~3.2厘米，筒高2.6~2.9厘米；瓣阔圆，花瓣边缘稍有褶皱，端尖，宽1.1~1.3厘米；雌蕊高于花冠，雄蕊5~6，与花冠平；蕾顶生，2~3朵；叶长椭圆形，尖点白，长2.6~3.0厘米，宽1.3~1.4厘米；花期4月中下旬。

（51）雨打桃花（图3-58）。该品种花瓣桃粉色，洒较多红点、线、条，喉点紫红色；套瓣，内外套同大；冠径3.9~4.1厘米，筒高2.6~3.2厘米；瓣长圆，面略皱，宽1.1~1.4厘米；雌蕊发育不全，雄蕊变化大，少的5枚，多的超过10枚；蕾顶生，1~2朵，常为2朵；叶狭长，面平，尖点白，长1.9~2.6厘米，宽0.6~1.7厘米；枝形较散，新梢梗绿色，新叶尖点白；花期4月中旬。芽变品种有红雨打桃花。

（52）红玫瑰（图3-59）。该品种花瓣大红色，无喉点；套瓣，内外套同大；冠径3.1~3.2厘米，筒高2.5~2.7厘米；瓣圆阔，宽1.0~1.1厘米；雌蕊、雄蕊正常，雌蕊高于花冠或与花冠平，雄蕊低于花冠；蕾顶生，1~3朵；叶卵圆形，面较平，尖点白，长2.5~2.7厘米，宽1.3~1.7厘米；花期4月中旬。

图3-59　红玫瑰

（53）玉玲珑（图3-60）。该品种花瓣肉红色，喉点稀少；套瓣，外套小，有缺损；冠径4.5~5.0厘米，筒高3.0~3.5厘米；瓣长圆，端略尖，宽1.7~2.0厘米；雌蕊、雄蕊正常，均低于花冠或与花冠平；蕾顶生，3~5朵，枝顶常聚集数个花蕾；叶卵形，端圆，边缘略向内拢，尖点红，长2.3~2.5厘米，宽1.2~1.4厘米；新梢梗淡红色，新叶尖点白；花期4月中下旬。

图3-60　玉玲珑

（54）礼民之星（图3-61）。该品种花瓣紫红色，无喉点；套瓣，内外套同大，冠径3.1~3.5厘米，筒高3.1~3.8厘米，瓣长圆，端略尖，边缘稍有波曲，宽1.1~1.2厘米；雄、雌蕊缩于筒内；蕾顶生，1~2朵；叶长圆形，端尖，长2.1~2.5厘米，宽0.8~0.9厘米；花期4月下旬。

图3-61　礼民之星

图3-62　虾夷锦

图3-63　金瑞春

图3-64　白蝴蝶

（55）虾夷锦（图3-62）。该品种花瓣白色，洒红条，喉部黄绿晕；套瓣，内外套同大；冠径3.3～4.0厘米，筒高2.8～3.2厘米；瓣长圆，面略皱，宽0.9～1.1厘米；雌蕊、雄蕊正常，略高于花冠；蕾顶生，2～3朵；叶卵形，端圆，两侧向内折拢，尖点白，长2.8～3.0厘米，宽0.9～1.1厘米；新梢梗绿色，新叶尖点白；花期4月中下旬；芽变品种有红虾夷锦。

（56）金瑞春（图3-63）。该品种花瓣粉紫色，有紫色条斑；套瓣，内外套同大，外套稍有缺损；冠径3.4～4.1厘米，筒高3.6～3.7厘米；瓣长圆，宽1.1厘米；雌蕊、雄蕊正常，雄蕊低于花冠或于花冠齐；蕾顶生，1～3朵；叶卵圆，端尖，长2.0～2.9厘米，宽1.1～1.4厘米；花期4月中下旬。

（57）白蝴蝶（图3-64）。该品种花瓣纯白色，喉点绿色；套瓣，内外套同大；冠径4.2～4.8厘米，筒高3.8～4.0厘米；瓣长圆，宽1.6～1.7厘米；雄蕊、雌蕊均缩于花筒内；蕾顶生，1～3朵，一般3朵；叶卵形，端尖，长2.8～3.3厘米，宽1.0～1.6厘米；花期4月中旬。

（58）秋霞（图3-65）。该
品种花瓣青紫色，无喉点；
套瓣；冠径2.7厘米，筒高
2.5~2.7厘米；瓣尖圆，略有波
曲，宽0.9~1.0厘米；雌蕊高
于花冠，雄蕊缩于花筒内；蕾
顶生，1~3朵；叶卵圆形，长
1.3~2.0厘米，宽0.8~1.3厘米；
花期4月下旬。

图3-65 秋霞

（59）宁波红（图3-66）。
该品种花瓣青紫色，喉点色深；
套瓣；冠径2.7~3.0厘米，筒
高2.8~3.0厘米；瓣长圆，端
圆，宽1.2~1.3厘米；雌蕊、雄
蕊正常，低于花冠；蕾顶生，
2~4朵；叶长卵，端圆，略上
翘，多毛，长3.3~4.2厘米，宽
1.6~1.9厘米；花期4月中下旬。

图3-66 宁波红

（60）红富士（图3-67）。
该品种花瓣深红色，喉点紫
红；单瓣；冠径3.2~4.0厘
米，筒高2.8~2.9厘米；瓣长
圆，宽1.4~1.5厘米；雌蕊、雄
蕊正常，均低于花冠；蕾顶生，
1~3朵；叶卵圆形，面较平，
尖点红，长1.9~2.3厘米，宽
0.8~0.9厘米；花期4月中下旬。

图3-67 红富士

图3-68　五宝绿珠

图3-69　小叶红麒麟

图3-70　夏胭脂

2.夏鹃系列

（1）五宝绿珠（图3-68）。夏鹃传统名种。花复色，以红白相间为主色，偶有纯红或纯白者。花蕊充分瓣化形成多瓣花型。冠径2.5~3.5厘米，筒高2~2.5厘米。瓣圆宽，排列整齐，外缘规则。雌雄蕊已完全瓣化，开足后花芯内有一绿色小珠，五宝绿珠之名即由此而得。蕾顶生，每蕾含花2~3朵。叶色淡绿，狭卵形，叶面有稀疏浅棕色绒毛，长2.5~3.5厘米，叶尖端呈白色。花期5月上旬。

（2）小叶红麒麟（图3-69）。夏鹃佳种。花朱红色，花蕊充分瓣化形成多瓣花型，雌雄蕊大部已瓣化，花筒高耸。冠径2.5~3.5厘米，筒高3~3.5厘米。瓣卷筒状，排列整齐活泼。蕾顶生，每蕾含花2~3朵。叶色淡绿，狭长形，叶面有浅棕色绒毛，长2.5~3.5厘米，叶尖端呈红色。花期5月上旬。

（3）夏胭脂（图3-70）。夏鹃佳种。花胭脂红色，花蕊充分瓣化形成多瓣花型，雌雄蕊部分瓣化。冠径2.5~3.5厘米，筒高2~3厘米。瓣平展，排列整齐。蕾顶生，每蕾含花2~3朵。叶色深绿，柳叶形，叶面有有稀疏浅棕色绒毛，长2.5~3.5厘米，叶尖端呈红色。花期5月中旬。

（4）真如之月（图3-71）。夏鹃传统名种。白花红边，花单轮，雌雄蕊完整。冠径2.5~3.5厘米，筒高2~3厘米。瓣平展，排列整齐，外型圆整。蕾顶生，每蕾含花2~3朵。叶色淡绿，长卵形，叶面有有稀疏浅棕色绒毛，长2.5~3.5厘米，叶尖端淡红色。花期5月中旬。

图3-71 真如之月

（5）紫辰殿（图3-72）。夏鹃传统名种。花紫红色，多瓣花型，雌雄蕊部分瓣化。冠径2.5~3.5厘米，筒高2~3厘米。瓣平展，排列整齐，外型圆整。蕾顶生，每蕾含花2~3朵。叶色深绿，卵形，叶片较厚，叶面有有稀疏浅棕色绒毛，长2.5~3.5厘米，叶尖端淡红色。花期5月下旬。

图3-72 紫辰殿

3. 西鹃系列

（1）花锦袍（图3-73）。西鹃传统名种。花复色，以红白相间为主色，偶有纯红或纯白者。花蕊充分瓣化形成多瓣花型。冠径5~7厘米，筒高3~4厘米。瓣圆宽，外缘较规则。雌雄蕊因瓣化而残留不多。蕾顶生，每蕾含花2~3朵。叶色深绿，正卵形，质肥厚，长3~3.5厘米，叶尖端呈白色。花期4月下旬。

图3-73 花锦袍

图3-74　天女舞

图3-75　四海波

图3-76　十二乙重

（2）天女舞（图3-74）。西鹃传统名种。花粉色白边。花蕊部分瓣化形成多瓣花型。冠径5~7厘米，筒高2.5~3.5厘米。瓣圆宽，外缘皱折细密呈波纹状翻卷状如天女撒花，天女舞之名或因由此而得。雌雄蕊部分瓣化。蕾顶生，每蕾含花2~3朵。叶色深豆绿，菱形微扭曲，长3~3.5厘米，叶端尖呈红色。花期4月下旬。

（3）四海波（图3-75）。西鹃传统名种。花白色带红条块边偶有全红或粉色花。花蕊部分瓣化形成多瓣花型。冠径5~7厘米，筒高2.5~3.5厘米。瓣圆宽，外缘皱折细密呈波纹状翻卷状如波涛翻滚因之而得四海波之名。雌雄蕊部分瓣化。蕾顶生，每蕾含花2~3朵。叶色深豆绿，菱形微扭曲，长3~3.5厘米，叶尖端呈白色。花期4月下旬。

（4）十二乙重（图3-76）。西鹃传统名种。花深玫色。花蕊部分瓣化形成多瓣花型。冠径5~7厘米，筒高3~4厘米。瓣圆宽，外缘呈波纹状微卷。雌雄蕊部分瓣化。蕾顶生，每蕾含花2~3朵。叶色墨绿，长卵形叶强扭曲，长3~3.5厘米，叶尖端呈红色。花期4月下旬。

（5）菱衣（图3-78）。西鹃传统名种。花浅绯色，娇嫩异常。花蕊部分瓣化形成多瓣花型。冠径5~7厘米，筒高3.5~4.5厘米。瓣圆宽，外缘平整。大多雄蕊瓣化而雌蕊尚存。蕾顶生，每蕾含花2~3朵。叶色淡绿，卵形，长3~3.5厘米，叶尖端呈浅红色。花期4月下旬。

图3-77 菱衣

4.高山杜鹃系列

（1）红宝石（图3-77）。花深红，喉点深红，不明显；冠径5~6厘米，筒高3~4厘米；瓣圆宽，边缘淡紫色，波浪状，花5~6朵簇生于枝顶；雌蕊1，高于雄蕊，雄蕊5；叶长卵形，面平，光滑，端急尖，尖点绿黄，长6~8厘米，宽在1~1.5厘米；花期4月下旬。

图3-78 红宝石

（2）活泉（图3-79）。花乳白，有紫色晕染，喉点深绿色，明显；冠径6~8厘米，筒高3~4厘米；瓣圆宽，边缘波浪状，花8~10朵簇生于枝顶；雌蕊1，绿色，略高于雄蕊或与雄蕊平，雄蕊10；叶宽圆形，面平，光滑，端渐尖，长5~6厘米，宽在3~3.5厘米；花期4月下旬。

图3-79 活泉

图3-80　锦缎

图3-81　凯特

图3-82　诺娃

（3）锦缎（图3-80）。花粉紫色，底部白色；冠径4~5厘米，筒高3~4厘米；瓣圆宽，边缘波浪状，花6~8朵簇生于枝顶；雌蕊1，高于雄蕊，雄蕊10；叶宽圆形，面平，光滑，端渐尖，长5~6厘米，宽在2~2.5厘米；花期4月下旬。

（4）凯特（图3-81）。花淡紫色，稍有白色晕染，冠径3~4厘米，筒高2~3厘米；瓣圆宽，边缘有裂齿，花数十朵簇生于枝顶；雌蕊1，高于雄蕊，雄蕊10；叶长卵形，面平，光滑，端渐尖，长4~5厘米，宽在2~2.5厘米；花期4月下旬。

（5）诺娃（图3-82）。花深玫红色，冠径3~4厘米，筒高2~3厘米；瓣圆宽，边缘有裂齿，花数十朵簇生于枝顶；雌蕊1，与雄蕊平或略低于雄蕊，雄蕊10~12；叶长卵形，面平，光滑，端渐尖，长4~5厘米，宽在2~2.5厘米；花期4月下旬。

二、栽培管理

（一）场地及容器

1. 场地

（1）室外场地。杜鹃花室外种植场地要求通风良好，宽敞阴凉，排灌方便。

杜鹃花喜阳光充足，但怕烈日强光，尤其是怕夏季的高温暴晒，适宜在清凉湿润，半散射光下生长。因此遮阴、降温、增湿是室外养护阶段特别是夏季养好杜鹃花的关键。可采用以下几种措施来改善杜鹃花的生长环境。

①搭荫棚（图3-83）。搭荫棚时要选择通风良好，宽敞，阴凉，

图3-83　杜鹃花遮阴栽培

不积水的场所，地面以铺砖、煤渣或黄沙为好，切不可直接利用水泥地面。荫棚的主架可由容易获得的木材、竹材构成，高度宜在2米左右，过低时操作不便，过高则温度难以保持。荫棚上面冬季铺设薄膜，夏季覆盖遮阳网，透光度在20%~30%。为了避免阳光从东面或西面照射到荫棚内，宜在东西两侧用竹帘垂挂，阻挡东西向的阳光。每天遮阴的时间应随季节的变化而不同，春、秋季遮去中午的强光，夏季最好全天都遮光，以75%的遮阴度为好，同时要注意保持通风和地面湿润。

②利用天然树林。在养护杜鹃时，若条件所限，也可利用林荫底下创造栽培场所，林荫下温度相对较低，湿度较高，利于杜鹃越夏。天然树林最好选择落叶阔叶疏林地带，透光度在40%~70%，常绿树林遮阴度太高，通风不良，在冬季也不能创造合适的光照以满足开花所需。

③改善生长小环境。由于杜鹃需要湿润、通风、凉爽的环境，江浙地区夏季通常阳光充足、高温、燥热，这对杜鹃花的生长非常不利，也是养不好杜鹃花的主要原因。在这种条件下，采取有效的降温、遮阴、增加湿度和加强通风等措施是非常重要的。

（2）室内环境。杜鹃花抗性比较强，大多数品种在江浙地区都能在露地越冬，但尽量放在朝南避风的地方，防止寒风及霜降的冻害。浙北地区栽培的绝大多数品种为春鹃，能忍受-8℃的低温，但如果极端气温达到了-10℃以下时，就要选择在室内过冬。室内过冬时，室内温度保持在5~15℃为宜。室内养护期间要避油烟，光照要充足并及时开窗通风。若在有供暖条件的室内越冬时，需经常往地面和叶面喷水，提高空气湿度。

2.容器

栽培杜鹃花可供选择的栽培容器有泥瓦盆、紫砂盆、釉盆、瓷盆以及塑料盆等，由于栽培基质的改良，栽培容器的选择范围比较大。

（1）泥瓦盆。泥瓦盆用黏土烧制而成，价格低廉，经济实惠，盆壁通气透水，有利于根系生长，通常在生产栽培中选用此盆，缺点是外观粗糙、容易破碎。

（2）紫砂盆。紫砂盆通气性略差，但质地细腻，造型美观，本身就是一件精美的艺术品。因此，当植株进入花期，用于陈设观赏时常栽于紫砂盆中，以供展览欣赏，提高观赏价值。

（3）瓷盆和釉盆。瓷盆和釉盆造型美观、装饰性强，但透气性非常差，不适宜栽培之用，常用作套盆，也就是为了增加美观，常套在泥盆外供室内摆设或展出时增加装饰效果。

（4）塑料盆。塑料盆由塑料制成，质量轻便，干净整洁，不易破碎，搬运方便，经济实惠，便于消毒、清洗。近年来无论生产上还是装饰、展览中应用均非常广泛。从观赏角度来讲，塑料盆也有各种形状和颜色，比瓦盆的装饰性要好。缺点是通透性差，传热快，不耐重压，栽培时必须选用排水性好的轻质培养土。

在栽培过程中，不同的生长阶段，要使用不同规格的栽培容器，不同的应用场合，也要选择不同质地的容器，以满足杜鹃花生产和美观的双重需要。

（二）介质及换盆

1. 介质

杜鹃花是典型的酸性土指标植物，对介质的酸碱性要求比较严格，适宜的土壤 pH 值是 5.5~6.5，不超过 7，如果 pH 值超过 8，则叶片黄化，生长不良而逐渐死亡。传统栽培杜鹃花的介质主要有山泥、黄山泥、堆制腐叶土等，目前常用的栽培介质有泥炭、椰糠、珍珠岩、松针等，一种或多种混合使用（图 3-84）。

（1）泥炭土。泥炭土又称草炭土，是各类植物残体长期堆积经泥炭藓的作用炭化而成的。泥炭土呈黑褐色，腐殖质极为丰富，质地柔软疏松，排水性和透气性良好，呈弱酸性反应，适宜杜鹃及山茶、桂花、白兰等多种喜酸性土花卉的栽培。泥炭土是目前栽培杜鹃花最常有的栽培基质，因含有一种叫胡敏酸的物质，可促进插条生根，也是非常良好的扦插基质。

（2）腐叶土。一般由阔叶树的落叶加上鸡粪、人粪尿等混合腐烂而成。通常于秋冬季节收集这些落叶，按照一层落叶、一层园土、少量骨粉和鸡粪反复叠加再用人粪尿浇透的方法混

图3-84　杜鹃花上盆基质

合堆放1~2年，待落叶充分腐烂即可过筛使用。腐叶土内含有大量的有机质，疏松肥沃，透气性和排水性良好，呈弱酸性，可直接栽培杜鹃花。

（3）山泥。山泥由山地植物的枯枝落叶，自然堆积腐烂分解而成。黄褐至黑褐色，疏松、通气、透水，团粒结构好，富含腐殖质，弱酸性，pH值在6左右，是栽培杜鹃花较理想的培养土，以颜色深、质地轻、杂物少者为上品。

（4）松针土。在山区森林里松树的落叶经多年的腐烂形成的腐殖质，即松针土。松针土呈灰褐色，较肥沃，透气性和排水性良好，呈强酸性反应，适于杜鹃花、栀子花、山茶花等喜强酸性的花卉栽培。

除了以上介绍的几种杜鹃花栽培用土外，根据当地现有条件，也可就地取材，自己调制培养土。或用腐叶土、泥炭土、松针土、苔藓、珍珠岩、细沙、锯末等按一定比例混合也可配成良好的培养土。

调配好的培养土在第一次栽培杜鹃花时可以直接上盆使用。若反复使用，为了防治土壤传播病虫害，必须对其进行消毒。常用的土壤消毒方法有以下几种。

一是蒸汽消毒法。用管道（铁管等）把锅炉中的蒸汽引到一个木

制的或铁制的密封容器中，把土壤装进容器内进行消毒。蒸汽温度在100~120℃，消毒时间为40~60分钟。

二是高温消毒法。在少量种植时可以用大锅炒土的方法。炒的过程中要不断的翻动，温度120~130℃，炒40分钟即可。

三是药剂消毒法。多用甲醛熏蒸。用40%的甲醛均匀地喷施在土壤中，再用塑料薄膜覆盖密闭2~3天，之后再将土壤晾晒2~3天，待药剂挥发后再使用。也可以用甲醛50倍液浇灌土壤，密闭24小时，再晾10~14天即可使用。

随着栽培技术的不断进步和改良，无土栽培逐渐取代传统用土，它们能更好地适合杜鹃花根系的生长，满足杜鹃花对水分、透气及矿物质营养的需要，减少病虫为害。

2.上盆与换盆

（1）上盆。将杜鹃花幼苗单株移植到花盆中的操作过程叫上盆。上盆运用较多的是扦插小苗，主要考虑植株的大小、根系的强弱来选择盆的尺寸。

①上盆时间。以秋季为宜，此时气温渐凉爽，新梢生长趋于缓慢，如根系稍受些损伤，对植株生长没有多大影响。但冬季入温室或地窖后会占有较大的面积，增加冬季养护上的工作量。扦插苗若基质内有营养也可在第二年的春季上盆。

②上盆步骤。上盆前，首先根据幼苗的大小选择适当的花盆。扦插苗上盆时，选择尺寸小一点的盆，一般选择口径在9~10厘米。三至四年生的植株应用口径为18~20厘米的盆，六至七年生的植株用口径22~26厘米的盆较为适宜。量少时花盆可选用透气性强、排水良好的泥瓦盆，商品化生产中，更多采用的是质量轻便、干净整洁、不易破碎的塑料盆。

上盆的方法与步骤如下：

第一步垫片。上盆时首先在盆底排水孔处垫置瓦片或窗纱以防盆土漏出和蚯蚓、蜓蚰的侵入，并利于排水。注意垫瓦片时要凹面向下，形成盖而不堵的状态，切勿将排水孔堵死，影响排水。

第二步填土。铺上一层粗粒土作为排水层，上面填入部分细培养土后将花苗根部向四周展开置于盆土中央，再向四周加土将根部埋没至根颈部，填土时使盆土至盆缘保留3~5厘米的沿口，以便日后浇水施肥。

第三步敦实。培养土填好后，将花盆提起在地上敦实，切勿用力按压根部，以免伤害根系。

第四步浇水。栽完后，立即浇透水直至盆底排水孔流出水来，在阴凉处缓苗7~10天，待恢复生长后再进行正常养护管理。

（2）换盆。换盆就是把盆栽植株由原来盆换到另一盆中的操作。随着植株的长大，根系密结成团，无法舒展，正常生长受限制，而且盆土肥力也在逐渐降低，结构变差，此时需及时换盆换土。换盆应用较多的是将过小的盆撤掉，换成比较大点的盆。在实际的工作中，较多的工作会涉及换盆。

①判断杜鹃花是否该换盆的依据。对于杜鹃花来讲如果出现下列几种情况必须及时换盆：一是当盆底排水孔有根须伸出时，说明根系已盘结成团布满花盆，无法再继续舒展。此时，就应及时由小盆换到大一号的花盆中，扩大根系的生长容积，利于苗木继续健壮生长。二是浇水后盆内积水，不易下渗，而且水中常有白色泡沫，说明水分已无法从排水孔流出且土质变碱，应及时换盆换土。三是随着植株的生长，冠径的扩大，花盆与植株已不成比例，有头重脚轻的感觉时及时换入大一号花盆中。四是对于已经充分成长的植株，株冠扩大缓慢或为了限制地上部的生长时，由于原盆中的土壤，物理性质变劣，养分丧失，此时，换盆只是为了修整根系和更换新的培养土，还可继续使用原盆。

②换盆时间与次数。换盆时间一般在花后的5—6月，或者10月至翌年2月，7—9月由于温度过高，天气过热，不宜换盆，3—4月是花期，换盆会伤根，影响正常开花。一般换盆的间隔时间为2~3年

一次，植株较大的 3~5 年一次，有些盆景可以 10 年左右换一次。

③操作方法。

第一步脱盆。换盆前的 1~2 天要停止浇水，使盆土适当干燥，这样土团容易完整倒出。脱盆时先将花盆倾斜，用手掌轻敲盆边，用另一只手的拇指伸入盆底孔将土团顶出。如果是大盆，可将盆侧倒放在木块上，轻敲花盆边部，使泥团松动后，用手托住土团，再行脱出。要注意尽可能少损伤根系，防止土团破碎。

第二步土团处理。将脱出的植株土团剥去 1/3 左右的周边的土壤以及盆底的碎盆片，修去过长的老根及伤病的发黑、干瘪的根须。如果盆边充满新生的白根，可以完整地换入大一号花盆。多年盆栽的大苗，根系错综盘结，常需用小耙将根系间的泥土剔除，让根须松开，适当疏除过密的根系，以促发新根，增加吸收能力，然后换土上盆（图 3-85）。修根的同时最好结合地上部分的修剪整形，如疏除部分干枯、位置不适当的枝干，以保证植株地下根系与地上枝叶间的平衡。

第三步重新上盆。将植株放置于花盆正中，往四周开始添加新土，要用木棒或小铲沿盆壁四周将土压实（图 3-86），使盆面盆土自然平整，沿口适宜，便于浇水。栽植深度以基质盖没原土团为宜。栽植后要压实基质。第一次充分灌水，以使土壤与根系密接，此后灌水不要过多，否则易使根部伤口腐烂。待新根长出后再增加灌水量。

图3-85 换盆前修根

图3-86 换盆

（三）繁殖方法

杜鹃花的繁殖方法主要有嫁接、扦插、籽播和压条4种。目前生产上应用较多的是嫁接和扦插2种。

1.嫁接繁殖

嫁接是指将植物体的一部分与另一植物体的一部分组织相结合，利用其根部吸收的营养供应接入的植物体生长枝叶并开花结果，叶片光合作用制造的碳水化合物输送给根部的这种融为一体的人为操作技术。嫁接下部称砧木，上部称接穗。在快速培育大型高档杜鹃盆景时被广泛采用。

（1）嫁接的优点。

①增强植株的生长势，提早成型开花。因嫁接时所选用的砧木根系发达、生命力强盛、适应性强，使生长势弱的品种可以借助砧木的强壮根系长势强健，提早成型、提早开花。

②用于一些扦插不易生根品种的繁殖。有一些品种扦插很难生根。通过嫁接不但可以提高繁殖系数，而且长势强、生长快、开花早。

③培育多色杜鹃花。利用嫁接方法可以将几个开不同花色的品种嫁接在同一砧木上，培育出五彩缤纷的多色杜鹃花，大大增强了观赏价值（图3-87）。

（2）砧木与接穗的选择。砧木是嫁接苗的根本，

图3-87　通过嫁接培育而成的一树多色杜鹃花盆景

它直接影响到整个植株将来的生长、开花状况。因此，需选择根系发达、生长速度快、适应性强、容易繁殖、抗病虫害能力强的品种作为砧木，并且要与接穗有较强的亲和力。实践证明，毛鹃是嫁接春鹃最好的砧木。毛鹃生长粗壮，耐寒性强，繁殖容易，价格低廉。其中以紫蝴蝶、玉蝴蝶、白蝴蝶最为理想。

砧木的培育采用扦插法，每年2—3月先将砧木（一般为毛鹃或夏鹃）的枝条根据造型要求进行重度修剪，并进行适度蟠扎，待其新芽萌发，养护至5—6月，待砧木上的新芽及品种优良的接穗母本上的新枝条半木质化时即可进行嫁接。通常以扦插成活后第二年的毛鹃作砧木最好，其干直，尚未分叉，幼嫩而有力，成活后生长快速，而且可以接得低，利于培养低矮丰满的冠型。

接穗要从优良品种植株的中上部选择，以发育良好、叶芽饱满、生长势强、无病虫危害的枝条最理想。为提高嫁接成活率，要随剪随接。

需注意，所选择的接穗和砧木必须都呈半木质化，过老过嫩均不易成活。

嫁接之前要准备剪刀、刀片、细绳等工具，使用之前用酒精进行消毒。

（3）嫁接时期。杜鹃花嫁接时期一般在6月的梅雨季进行比较适宜。此时温湿度合适，嫁接愈合快、成活率高。而且，春季萌发的新枝都已接近半木质化程度，营养充足，枝条充实，是杜鹃花嫁接的大好时机。此外，在9—10月，气候凉爽，也适宜嫁接。

（4）嫁接方法。嫁接最常用的方法是嫩枝顶端劈接。此种方法是指用一年生枝的顶梢为接穗进行嫁接，如果想要一株砧木上开多种颜色的花，也可将几个不同花色的品种同时嫁接在同一砧木的不同枝条上。其操作步骤如下（图3-88）。

①剪砧木。用修枝剪将砧木上的新枝剪去，仅在基部靠近主干处留1~2厘米的长度，并去除基部叶片。在砧木枝条正中用刀片纵切一

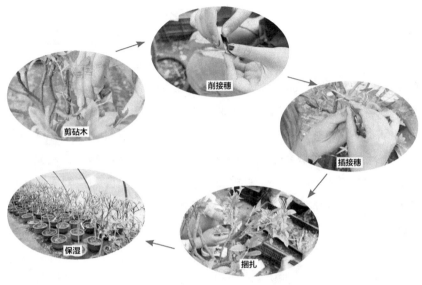

剪砧木

削接穗

插接穗

捆扎

保湿

图3-88　嫁接步骤

条"一字形"切口深度在9毫米左右，略长于接穗形削面。注意，剪切面要平滑，否则影响愈伤组织的形成而影响愈合。

②削接穗。从母本上剪取粗细与砧木枝条相仿或略细一点的接穗，接穗要求枝条健壮，半木质化，无病虫害，品种根据需要决定。长度根据品种以2~3厘米为宜，用刀片削出楔形，长度以6~8毫米为最佳，以使插入砧木切裂缝中后能完全吻合，利于愈合和将来的生长。将接穗基部叶片去除，只保留上部2~3片叶。

③插接穗。将接穗对准砧木形成层切口插入，插入时要注意接穗与砧木两侧的形成层要对准。若砧木粗而接穗细时，则需一边对齐，这是嫁接成活的关键。

④捆扎。用2~3毫米宽塑料条或棉线从上至下松紧适度地将砧木与接穗的接口扎紧，使接穗与砧木密接。注意，不要绑住或碰伤接芽，并防止接穗移动错位。接口处不要接触水分。

⑤保湿。因接穗带有叶片，为避免其萎蔫而影响成活，在接口处用塑料袋连同接穗一起套住，以促进伤口愈合，并扎紧袋口保湿并防

止雨淋。

（5）嫁接后的管理。

①遮阴保湿。嫁接后将植株放入遮光率70％的塑料大棚内保持湿度进行养护。要经常性检查，发现接穗叶片有萎蔫之处，立即喷雾补充水分。若温度超过30℃时要设法降温，如喷水，双层遮阴等。在嫁接初期（2~3周内），要保持袋内、棚内85％~90％的相对湿度，如果袋内没有水珠，则要解开袋口喷湿接穗，再重新扎紧。此期可采用地面铺砂、洒水、用加湿器加湿、断风等办法来调整湿度。2~3周后，砧、穗开始愈合，接穗能从砧木中获取水分与养分，如果此时袋内、棚内的湿度过高，则会推迟砧、穗的进一步愈合，还可能导致新芽、嫩叶的霉烂。故在嫁接后期，必须逐步降低塑料袋内或塑料棚内空气的相对湿度，促进砧、穗自身的新陈代谢。

利用地栽的大型毛鹃或夏鹃通过截干造型后嫁接优秀园艺品种可以大大缩短杜鹃盆景的培育时间。

②去除萌芽。为了使砧木多制造养分而消耗减少，使多余的养分贮存起来，以供砧、穗愈合和接穗萌发用。通常将砧木上，特别是嫁接枝干上的萌芽去除，以减少养分的消耗。此措施自嫁接初期一直继续到剪砧之时，凡是砧木上的叶芽要随见随剥，将砧木上的萌芽全部去除。这样才能促使砧、穗的更快愈合与接穗的快速生长。

当接穗长至3~5厘米时，摘心处理，促使第二次萌生，以便早日形成树冠；秋后若有花蕾形成，应摘除；成活后的植株进行正常的日常管理，根据植株生长情况修剪。

③去袋。2个月以后，愈合完好，输导组织畅通，便可除去套袋，以促新梢生长。但此时应防止碰撞，使嫁接口断开。去袋后置于光线明亮，通风透气的阴凉处养护，每天向植株上喷雾、向附近地面上洒水来提高空气湿度。

④松绑。嫁接后一般在25天左右成活，上下输导组织畅通，接穗开始萌动新芽。2个月后可解除绑带，并逐步打开薄膜通风，进行

炼苗。

2. 扦插繁殖

扦插是利用杜鹃花的营养器官（主要是枝条）进行繁殖而成为新苗的方法。这种方法不仅可以保持亲本原有的优良性状，而且方法简便、成活率高、用材省、繁殖量大，繁殖后代在第三年就可以开花。因此是目前大规模繁殖杜鹃花最常用的方法。除极少数不易生根的品种外，都可以用扦插法繁殖成功。

（1）扦插的时期。杜鹃花的扦插时间一般选在植株新梢生长基本木质化，温度在18~28℃，相对湿度在80%以上为宜，具体时间因地区和扦插方式而异。温室栽培一年四季均可进行，露地栽培时，扦插的最佳时间应掌握在每年5月上旬至6月上旬。

①初夏扦插。5月上旬至6月上旬这段时间，气温升高，雨水增多，湿度加大，是杜鹃扦插的最佳季节。此时，当年生枝条已饱满充实，扦插生根快、成活率高，可以利用大量当年生枝条进行嫩枝扦插繁殖。

由于杜鹃花有不同的栽培类型，其扦插的具体时间因品种不同略有先后，主要由杜鹃花谢后新枝生长到半木质化或嫩梢停止生长的时间来确定。

②秋季扦插。8月底至9月中旬以秋梢及基部萌发出来的枝条作插条也可扦插，因这类枝条此时已接近木质化，营养充实，成活率也很高，但由于插条不多，繁殖量少，秋季温度下降，发根亦比较慢，管理周期很长，因此采用的比较少。

（2）扦插基质的选择。适宜杜鹃花扦插的基质可以分为两类，一类是指含有一定的营养成分，如腐叶土、山泥、泥炭等，这类基质质地疏松（图3-89）、排水透气、保温保湿，而且呈酸性或微酸性，对于扦插杜鹃花比较适宜，但应用时要充分腐熟，否则对生根不利；另一类如河沙、蛭石、珍珠岩等，也具有排水透气、保温保湿的特性，适宜作扦插基质，但不含营养物质，插条生根后，要及时移栽到富含营养的培养土中，否则，扦插苗会因缺乏养分而生长不良，甚至根系萎缩，插条死亡。扦插时，有时为了使以上各种基质的性状得以互补，也可两种或多种基质混合使用，如河沙＋泥炭、珍珠岩＋

图3-89　扦插基质泥炭

泥炭、蛭石＋泥炭、草炭土＋珍珠岩，会收到非常好的效果。无论选用哪种基质都必须进行消毒，不能带任何有害物质。并填入育苗盘轻轻压紧，用洒水壶反复淋水直至将水浇透后放置一天备用。

（3）插穗母本的选择。插穗应在品种优良、生长健壮、无病虫害的母本植株上剪取。其母本的具体表现应具有以下特点：花型优美、色泽鲜艳、生长快速、抗病虫害能力强，枝条壮实、叶色浓绿、发枝多而有力等。

插穗的母本选定后，在开花之前，应加以特殊养护，如剪去生长不良的、过密的、多余的枝条，以集中养分萌发新梢。同时，施肥2~3次，并在取插条前一周，喷施1次70%甲基硫菌灵可湿性粉剂1 000倍液和50%多菌灵可湿性粉剂800倍液，以预防褐斑病和其他病害。

（4）插穗的剪取。插条的剪取最好结合母本的修剪进行，这样不影响母本的株型、花期及正常生长（图3-90）。

插穗选择好后要采取正确的剪取方法。首先将枝条剪去幼嫩顶梢（若顶梢不特别幼嫩，也可不剪），利用中上部半木质化的部分作插条。长度5~7厘米，下端3厘米以内的叶片全部摘除，枝上只留3~5

片叶，并剪除一半，保持插穗湿润（图3-91）。剪取时，用利刀在插穗的基部以45°削平，基部剪口一定要整齐、光滑。将其轻轻插入苗盘每格的中央，深度以穗长1/3为宜，然后用手指将插穗四周的基质用手指压实，再次淋水。最好随采随插，成活率高。若从外地采集插条，不能随即扦插的，可将插条用湿苔藓或湿布包裹，放在塑料袋中，注意避光，每天透风换气数次，保持叶片湿润，在10日内扦插仍能成活。

图3-90 插穗要求健壮无病虫害

图3-91 处理完成后的插穗

（5）扦插方法。

①穴盘扦插（图3-92至图3-95）。将插条插入穴盘的孔里，成活后，可以直接将苗从穴盘里抽出来进行上盆。在商品化生产时，穴盘扦插法采用较多，它具有很多优点：一是移植时根团完整，成苗率高，生长整齐健壮；二是降低了病虫害传播，减少育苗病害；三是抗逆性强，贮藏期长，便于管理；四是成苗整齐，便于规范化管理。根据品种的不同，常采用72孔或者108孔的穴盘。穴盘在使用前浸入50%多菌灵可湿性粉剂1 000倍液中进行杀菌消毒。捞出晾干后填充基质，基质高度要与孔穴齐平，浇透水备用。插条插入穴盘约1/3处，完成后浇透水，并上部盖薄膜进行温湿度管理，薄膜上覆75%遮阳网遮阴管理。

图3-92 基质装穴盘浇好水备用

图3-93 扦插完成浇透水保湿

图3-94 盖薄膜保温

图3-95 盖遮阳网遮阴

②容器扦插。扦插数量少时常用花盆或木箱等容器扦插。选择花盆时以泥瓦盆最为理想，因为它通透性好，利于插条产生不定根。使用前，对从未使用过的新盆，应先放在水中充分浸泡退火，淋溶掉花盆材料中的盐分，待吸足水分后再取出使用；如是旧盆，应洗涤干净，曝晒杀菌后方可使用。填土前，先用碎瓦片盖住排水孔，凹面向下，形成盖而不堵的状态。如果以蛭石、珍珠岩、泥炭为基质，可不用填排水层，直接将基质置于碎瓦片之上。盆内装土不宜太满，一般至盆沿有3厘米左右，以留有浇水的余地。基质装好后，双手端起花盆在地上敦实，不要直接用手按压，以免把基质压得过于坚实不利于排水通气。扦插时，先用比插条略粗的竹扦打眼，然后再插入插条，以免损伤插条基部剪口，影响不定根的产生。扦插深度为插条的1/3~1/2，扦插密度以各插条上的叶片能自然舒展为准，前后左右插条相距3~4厘米。插入后，用手指在其四周轻轻按实，注意不可过紧，也不宜过松，以插条不动摇、基质无空隙为度。插后用细孔喷壶浇透水，使插入部分的枝条与土壤密合。花盆上罩塑料薄膜保湿，塑料薄膜的顶部应有5~10厘米空间，避免嫩梢、叶片与内壁凝聚的水滴黏合而腐烂。扦插初期置于荫棚下养护，注意保湿，两周后定期进行通风换气，保持内部空气新鲜，保证嫩梢对二氧化碳的需要。

③苗床扦插。繁殖数量大时，可在苗床内扦插。苗床宜选排水通畅的高地，有侧方遮阴的场所最为理想。取南北方向，以使受光均匀。床高15~20厘米，宽80~100厘米，长度根据需要和方便而定。底层为排水良好的粗粒土，四周用砖围砌，以免下雨或浇水时冲塌。扦插前先将插床浇透水，水渗下后进行扦插，插法与盆插相同，株行距可适当放宽，每插一株，需顺手把土压实，插好一段，就用细孔喷壶浇透水。完全插好后，苗床上搭拱形竹条，用透明塑料薄膜盖严。薄膜上再加盖遮阳网，以控制苗床空气温度和避免强光曝晒，有利于扦插苗成活。

④全光喷雾扦插。全光喷雾扦插是在扦插苗床上层配合安装喷雾

设施，可以人为控制喷雾的时间和次数。此设施既能保持插条周围较高的空气湿度，又能使叶面有一层水膜，降低了温度与呼吸作用，使集积的物质较多，有利于生根。扦插一般是在气温较高的季节进行，结合喷雾可以创造一个比较适合插条伤口愈合和生根的环境，但是湿热条件也易于病菌滋生蔓延，导致插条基部腐烂。因此，进行全光喷雾扦插时，应对插床定期进行杀菌消毒处理，防止插条基部腐烂很有必要。

（6）促进生根的措施。

①提高土壤温度。对于扦插繁殖来讲，保证成活的关键就是萌芽前先生根。为此要想办法使土壤的温度高于空气温度。容器内少量扦插时可将花盆放置在花架上，以提高土温，避免直接接触冷凉的地面，或将插条扦插于温床之内，以促使插条的快速愈合与生根。

②药剂处理。可选用激素类，如用 0.135% 赤霉酸（GA）、0.00052% 吲哚乙酸（IAA）、0.00031% 芸苔素内酯可湿性粉剂，或 10% 维生素 B_1、维生素 B_6 烟酰胺、0.2% 嘧啶核酸、2.5% 吲哚乙酸超微粉剂 500~1 000 毫克 / 升溶于水，随剪取插条随将其基部 2 厘米浸入配好的药液中，时间为 3~4 小时，然后再扦插，这样可以提高成活率。因为这类激素能促进形成层细胞分裂，很快形成根原基，使插条加快生根。需注意，若大量繁殖时，应用此类激素促进插条生根必须提前进行最佳浓度试验，否则，应用过量，反而会抑制插条生根。

（7）扦插后的管理。在扦插后的 1 个月内，插条尚未长根或刚开始长根，是成活的关键时期，特别要注意做好遮阴、保湿及温度的调节、水分的补给等工作，保证插条不落叶，不变黄，始终新鲜，这样成活就有希望。

①光照调节。扦插后 1 周内，遮阴度最好在 90% 左右，1 周以后遮阴度可调整到 70%，但千万不可见直射光，否则插条萎蔫，不可能成活。遮阴程度应根据天气变化随时调节控制。晴天，早覆晚开；阴雨天，则全部打开。扦插成活后，可逐渐撤除遮阴网。

②温度调节。杜鹃花扦插生根最适宜的温度以土温 26~28℃、气温 20℃为宜。温度低生根时间长，特别是基质温度低于空气温度时，插条很难成活。因此，应及时调节棚内温度。初夏扦插时，出现最多的是高温危害。当遮阴不当时，会使棚内光照过强而温度升高，当温度超过 30℃时，易出现插条灼尖现象。因此，应及时加强遮阴、适当通风来降温。

③湿度调节。扦插后的前半月多浇水、多喷雾，至少每天用喷雾器喷雾 6~7次，以增加插条叶面的湿度，扦插基质尽量保持湿润。后半月浇水量应逐渐减少，2~3天 1次。20天后如有叶芽萌动，说明切口已基本愈合，并逐步形成根原基。此时要保持苗床潮湿，不可见干，除 2~3天浇 1次水外，还可酌情喷雾增湿。至 50天左右就会长出根系，此时用手轻提插条，有阻碍感，证明小苗已成活，这时浇水要节制，待扦插基质干至七八成时充分灌水，适当减少喷雾次数，防止根系嫩化。此后，可逐步加强通风，去掉薄膜，转入正常管理。因此时插条没有根，主要靠叶面吸收水分，故保持空气中较高的湿度非常重要，除保证土壤适度湿润外，晴天还需要喷雾，每天 3~4次，喷湿叶面，使插条的蒸发与吸水保持平衡。梅雨季节，连续阴雨，常会发生黑斑病，要预先喷 70% 甲基硫菌灵可湿性粉剂 1 000 倍液进行防治。感染黑斑病者，即使有根，亦会死亡，故应随时清除病叶和病枝，以防进一步感染和蔓延。

一些优良品种扦插不易成活，如能配以全光喷雾，经常保持插条叶面湿润，成活率会有所提高。

④扦插生根后的管理。扦插生根的时间长短因品种而不同，毛鹃、夏鹃、东鹃生根最快，15~30天开始长根，西鹃需 50~70天。扦插两个月以后，如果枝叶新鲜，梢顶挺拔并渐有萌动的现象，说明已经产生了不定根。在以后的时间里继续保持 20℃左右的温度，并做好遮阴工作。插条生根后浇水次数不要太多，水质要不含碱性，水温要与苗床温度接近。雨天苗床要盖上薄膜，防止漏雨和水分过多。

温度控制在 20~25℃。生根后的幼苗适当追肥对生长有良好促进作用，有利于获得壮苗。特别是以河沙、蛭石、珍珠岩为基质的扦插苗在生长过程中，很容易出现营养不良状况，插条生长后期长势大减，应及时追肥。可每隔 10~15 天施 1 次非常稀薄的有机肥，次日清晨补浇清水。随着秋季的来临，气温逐渐下降，随着温度的变化可把扦插盆移至避霜向阳处，苗床扦插苗移入花盆或木箱等容器中进行入冬前的过渡培养。当气温降至 10~15℃时，将所有的扦插苗移入室内向阳处进行养护（图 3-96 ）。

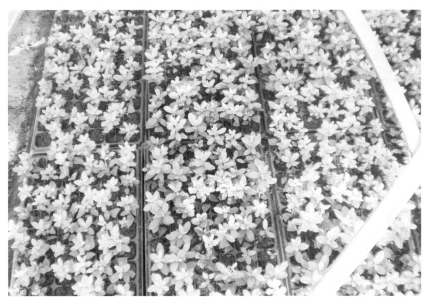

图3-96　扦插后5个月苗

（8）扦插苗上盆。用蛭石、珍珠岩、河沙作为扦插基质时，由于基质不具肥力，插条生根后应及时起苗、上盆，否则会由于营养不良而影响幼苗的正常生长。用泥炭、腐叶土、针叶土等扦插时，也可在第二年的春季再上盆。不上盆的扦插苗，冬季只要温度适宜，小苗可正常生长。当幼芽长到 3~4 厘米时应摘心，促进侧枝的萌发形成丰满的株型。这样到春天上盆时，小苗可长出 3~5 个侧枝。当气温升高出室温时，便可分栽上盆，成活率非常高，之后转入正常的管理（图3-97）。

图3-97　扦插5～6个月后上盆

3. 种子繁殖

种子繁殖在定向杂交获取新品种时仍被采用。

杜鹃花种子成熟期一般在10月至翌年1月，当果皮变褐，果端裂开，种子散落时，随时采收，置阴凉通风处干燥后保存。一般播种时间为3—4月，在室内播种，多用浅盆或木箱作播种床。基质要求肥沃湿润、富含腐殖质的酸性土，使用前进行消毒。播种前，盆底装入基质，播种时种子掺入细土拌匀，撒入后盖一层薄细土，整盆放于水底，使水渗入盆内进行保湿，后放置于阴凉处，盖一层塑料薄膜保温。

小苗出土后，逐渐减少覆盖时间，注意温度变化及强光直射，小苗生长缓慢，5—6月长出2～3片真叶，苗高2～3厘米时进行移栽，放置于阴凉处，用细喷壶浇水和淡肥水。播种后翌年春季撒掉薄膜，放于荫棚下养护，于 6 月份左右进行第二次移栽，当小苗株高达到 20 厘米、有分枝时，进行最后的移栽换盆。

由于杜鹃花籽粒微小，一般来说，种子发芽率很高，但后期维护较困难，导致成苗率低。从播种到开花一般要 3~5 年时间，不适于大规模生产性繁殖。

4. 压条繁殖

压条繁殖是枝条在不脱离母体的前提下，使其某个部位生根，然后与母体分离，成为一个独立新株的方式。压条繁殖简单易行，成苗快，成活率高，特别是少量繁殖或家庭繁殖时可选择此法。杜鹃花压条常在 4—5 月进行。

具体操作法是：先在盆栽的杜鹃花的母株上取 2~3 年生的健壮枝条，离枝条顶端 10~12 厘米处用锋利的小刀割开约 1 厘米宽的一圈环形枝皮，将韧皮部的筛管轻轻剥离干净，切断叶子制造有机物向下输送的渠道，使之聚集，以加速细胞分裂而形成瘤状突起，萌发根芽。

然后用一块长方形塑料薄膜松松地包卷两圈，在环形切口下端 2~3 厘米处用细绳扎紧，留塑料薄膜上端张开成喇叭袋子状，随即将潮湿的泥土和少许苔藓填入，再把袋形的上端口扎紧，将花盆移到阳光直射不到的地方做日常管理（图 3-98）。

图3-98 杜鹃花压条

高位压条的枝条浇水时应向叶片喷水，让水沿着枝干下流，慢慢渗入袋中，保持袋内泥土经常湿润，以利枝条上伤口愈合，使之及早萌生新的根须。

在 3~4 个月后根系长至 2~3 厘米长时，即可切断枝条，使其离开母株，栽入新的盆土中。

但是随着扦插技术的提高，压条繁殖的方法目前已经很少有人使用了。

（四）四季管理

1. 春季

春季是杜鹃花从休眠到萌动的季节，也是杜鹃花开花的季节。

（1）喷药防病虫。大棚栽培的杜鹃在 2 月即开始进入萌动期。杜鹃的叶色开始转绿，花苞开始膨大，并有少量新芽开始有新叶放出。此时应间隔 1 周的时间内对杜鹃分别喷施 10% 苯醚甲环唑水分散粒剂 1 500 倍液及 70% 甲基硫菌灵 1 000 倍液 1 次，以防因气温升高而开始滋生病虫害。

（2）大棚注意通风。到 3 月下旬杜鹃花苞露色时则要保持棚内温度稳定，如遇气温过高，中午开棚适当通风，最好每天都要开启一次窗门，使空气流通。但应防止冷风直吹。

（3）盆土保持湿润。杜鹃花开花量较大，花蕾从露色到盛开，需要相对较多的水分。因此，开花期应保持适度充足的水分以延长花期。但杜鹃花花瓣娇嫩，切忌花头淋水，淋水后污染花朵，易造成花朵腐烂，影响美观。盆土过干，开花缓慢，而且植株缺水会导致花朵软绵下垂，虽然立即补水还能恢复，但经过 1~2 次缺水萎蔫后，花瓣边缘会褪色或出现焦斑而失去神采，并提前凋谢，观花期缩短。盆土过湿时，导致根部窒息，根毛受损，影响到植株正常的新陈代谢同样导致花期缩短。因此，杜鹃花开花期间切忌盆土过干或过湿，以盆土湿润为宜。

（4）避免强光直射。3月中下旬起春鹃中的一些早花品种开始陆续开花，此时应增加遮阳，最好能达到80%以上，光照充足，花色深而鲜艳。但强光会冲淡花色，并使花朵早谢。在室内装饰陈设时要有明亮的散射光线，有条件时最好早晨能让植株见1~2小时的阳光，这样不但可延长花期，还利于杜鹃花花后的生长发育。

（5）花期停止施肥。杜鹃花在2月底至3月初应施一次以磷为主的稀薄催花肥，并保持水分充足（但不可过湿）以利于花蕾充分生长，但进入花期以后则应停止施肥。特别是在花期误施浓肥、生肥或化肥后，均有可能造成根系营养细胞的反渗透，导致植株在短时间内灼根死亡。待花期结束后1周左右，再适当追施腐熟的稀薄饼肥液。

（6）控制温度以调控花期。花期的长短与温度关系最大，温度高开花早，温度低则开花迟，故控制温度即能达到调控花期和延长花期的目的。在正常情况下，温度在15~25℃时，花蕾发育最快，只需30~40天就可盛开，花期可保持30多天；若温度降低到10~15℃时，花蕾需50~60天才能盛开，但花期可延长到40多天；温度再降到10℃左右时，花期可长达两个月左右。所以，当杜鹃花进入盛花期以后，采取降温措施，将温度调控在10~15℃，可达到延长花期的目的。

2. 夏季

夏季是杜鹃花的营养生长期。

（1）及时剪除残花。当全株花朵开过70%~80%时，可拆除薄膜加盖遮阳网，及时剪除残花和未开放的花蕾，以减少不必要的营养消耗，不要等到所有花朵凋谢完后才进行修剪，否则就会消耗过多的养分而影响到植株以后的生长。剪除残花时要连同花蒂一同剪除，同时结合盆花整形进行适度修剪，剪去病虫枝、瘦弱枝、徒长枝、损伤枝和发黄的叶片，使杜鹃花保持良好的冠型（图3-99）。

（2）及时补充养分。由于漫长的冬季未能施肥，再加之花后植株体弱，比较缺营养，所以要加强肥水管理，可适当施2~3次以氮为主的薄肥，以促进杜鹃营养生长。肥料应以氮为主的多元素肥料，再掺

图3-99　花后修剪

入适量的硫酸亚铁。施肥仍然以薄肥勤施为原则。同时喷施农药防病治虫。

（3）翻盆换土。翻盆换土不需每年进行，隔年一次即可。需换盆换土的植株花后应及时换土补充养分。培养土可用山泥土混合腐叶土再加适量粗砂，也可用松针土加适量粗砂混合而成，要求 pH 值在5.5左右。新上盆的植株第一次浇水一定要浇透，然后放在通风阴凉处缓苗，约7天后可恢复正常管理。

（4）调整光照，增加环境湿度。杜鹃花是一种喜半阴的花卉，光照不足、湿度不够同样影响生长。摘尽残花后的杜鹃花可适度增加光照，一般遮光率达到50%~60%即可，使杜鹃受到较充足的光照并经常喷水，提高环境湿度。进入盛夏高温时，应增加遮光率，最好能达到70%左右，同时加强通风，并及时浇水防止脱水，定期喷施农药防止病虫害。

3. 秋季

秋季是杜鹃花的生殖生长期。

大部分春鹃（东鹃）都是在秋季孕蕾，应从8月中旬起每隔10~15天施1次以磷为主的薄肥，共3次。另外秋季气候干燥，应注意充分浇水，严防植株脱水枯萎。

秋季也是杜鹃花病虫害为害最严重的季节。尤其是军配虫、红蜘蛛。应每隔15天喷施一次2 000倍5%甲氨基阿维菌素苯甲酸盐水分散粒剂或30%乙唑螨腈悬浮剂。秋季多雨还应在每次雨后喷施1次70%甲基硫菌灵1 000倍液，以防止叶斑病暴发引起大量落叶影响下一年开花。

4. 冬季

冬季是杜鹃花的休眠期。

目前，杜鹃花大部分都采用塑料大棚越冬，这样做的优点是花期较早，管理也比较方便。但为了让杜鹃有一个充分的休眠期，也为了减少病虫害，所以大棚的薄膜不宜过早地覆盖。

比较理想的时间是到12月中下旬，气温下降到夜间温度5℃左右并持续10~15天后再覆盖，并在薄膜上加覆一层遮光率50%的遮阳网，以保持棚内温度稳定以防止昼夜温差过大。

进棚后的杜鹃花应再喷施杀虫剂一次，以防止残留的虫体进棚后再度繁殖，同时还要喷施杀菌剂，以防止病菌因棚内温度较高而再度暴发。

（五）花期调控

春鹃的自然花期集中在4月，即使在大棚中越冬花期也只能提早到3月，错过了春节盆花的销售高峰期。为了使其花期能提早到春节作为年宵花开放，产生更大更直接的经济收益，生产者们进行了多年的研究试验，目前已掌握了一套比较完善的大棚加温催花技术，且花期长达40多天。并根据实际需求设计调控计划，促使杜鹃花的花期从1月中旬延续至6月上旬。

1. 设施要求

催花设施要求有一定的加温设施和通风设施，利于杜鹃花在催花过程中的温度需要，并且在温度较高时有必要的通风设施来降低过高的温度。标准连栋大棚可以配备燃煤或（油）热风机，一般20万大卡热风机可加温1 000平方米。大棚内配备温湿度计、通风装置，再用2层薄膜保温（图3-100）。

图3-100　催花设施

2. 株型控制

在5月份花后进行一次修剪，要求在6月中下旬完成，以利于新枝萌发和花芽分化，以使植株达到较好的营养生长和生殖生长平衡状态，修剪去不必要的枝条，如枯枝、弱枝、内膛枝及病枝等（图3-101）。

图3-101　催花前进行修剪，控制株型

3. 催花前期管理

注重日常管理，注重水肥管理，遵循施肥原则及施肥时间，要求在6月之前，9月之后进行施肥，以磷钾肥为主；控制好低温时间，植株在进大棚之前必须有一定的低温状态（5℃以下），以打破休眠；根据春节时间决定进棚时间，一般在上市前30~40天将植株放入温室大棚。

4. 花期调节

（1）温湿度调节。温度的高低决定花期的长短，要使杜鹃花保持最佳状态，温度的调节相当重要。当温室大棚白天的温度保持在

20~25℃，夜里温度保持在 15℃时，能使杜鹃花的花期保持在最佳状态，温度过高时，进行通风降温（图3-102）。

图3-102　控制温湿度，调控花期

花蕾露色后，白天应通风降温，并适当遮阳，一般加温30~35天即可开花。加温期间喷施杀菌剂1~2次，叶面肥及生长调节剂1~2次，花蕾膨大期间，光照要充足，花色才能深而鲜艳。

（2）水分管理。基质保持充足的水分，温室大棚内温度较高，根据基质干湿情况决定浇水时间。

（3）肥料管理。掌握好施肥时间，要求根施在6月份，喷施在10月份，以磷钾肥为主。可用磷酸二氢钾800~1 000倍溶于水中，进行根外喷施，每10~15天喷施一次，使植株肥力充足，花色鲜艳。

（4）病虫害防治。温室大棚高温高湿，是病虫的温床，每隔7~10天用70%甲基硫菌灵可湿性粉剂、75%百菌清可湿性粉剂和50%多菌灵可湿性粉剂500~600倍稀释喷施，以防病治虫。

后期管理：杜鹃花花蕾吐色后，注意花期变化，当植株开花率达到60%以上时，将植株移入冷凉处，保持5℃以上的低温，能使开花一个月而不衰。

（六）整枝修剪

修剪是剪除植物的一部分，以调整树冠结构和更新枝类组成的一种技术措施，修剪的目的是减少水分蒸发，调整植物形态。在杜鹃的生产栽培中，修剪主要以促进植物分枝，维持植物原有形态为主要目的。

不同的生长阶段，修剪的目的不同。

1~3年生的小苗，以摘心为主，目的在于加快生长，养成良好的枝体骨架，第一次修剪为上盆一个月后，当新梢长至4~5厘米、植物根系生长良好时进行，剪顶芽及底部分枝，如果分枝不好，应进行第二次修剪。第二年新株再长至4~5厘米时摘心，留2~3个侧枝，至第三年摘心后便有10余个分枝。

4~6年的中盆春鹃，树体骨架已初步形成，但尚未健全，修剪采用疏枝结合短截的方法进行，调整其骨架，因杜鹃花的花蕾都在枝顶，短截会失去花朵，故短截宜在生长期进行。

6年以上的大盆，因树形基本定型，植株开始进入盛花期，修剪的目的在于完善树型，保持正常的生长开花，此时主要剪除枯枝、弱枝、内膛枝、重叠枝和病虫枝，保持良好的状态和正常的生长。

杜鹃花的修剪方法主要有如下措施。

1. 摘心

摘心是将新梢先端的顶芽或一小段嫩梢摘除。摘心的目的是控制植株高度和促使侧枝萌发，使树冠迅速扩大，提早成型。摘心一般在春、秋生长旺盛期进行，通常对植株的外侧枝条进行摘心，以扩大树冠。如果植株的内侧枝条过稀，也可进行适当的摘心，以充实内膛。经过摘心后往往在顶端叶腋间萌发出多个侧枝，多数呈轮生状态，侧枝长到一定高度，又可摘心，萌发出次一级分枝，使生长连续不断，冠幅逐级扩大。

2. 疏蕾

疏蕾是指疏除过多的花蕾。杜鹃花为多花性花木，很容易形成花蕾，如任其全部开放，不仅消耗养分过多，影响以后植株的健壮生长，而且花朵过多，养分分散，会使花朵变小、花色变淡，神态不美。只有着花疏密得当，才能体现出最佳观赏效果，而且使品种的优良特性得到充分体现。特别是那些颜色鲜艳、花朵较大的品种，效果更为明显。

（1）疏蕾的时间。因品种不同略有差异。早花品种从7月就应开始，大多数品种可在8—9月进行，疏蕾过早过晚都不好。过早疏蕾后植株还会继续孕育新的花蕾；过晚疏蕾植株负载过重，各蕾之间争夺养分，影响花朵发育质量。

（2）疏蕾的方法。疏蕾可分两次进行。第一次是在花蕾发育到大米粒大小时，第二次是在含苞欲放时。有的品种为多花性，不仅孕蕾多，而且每个花蕾全都长有2~4朵花。在这种情况下，如果让其全部开放，花的质量将会大大降低。因此，在疏蕾时只有较强的枝条或着花较稀少的部位可留2个花蕾，其余的每枝留1个花蕾。疏蕾的方法很简单，一手捏住花蕾下部枝条，用另一手的指甲掐去多余的或较小的花蕾即可，也可用镊子拨去花蕾。保留的花蕾要大小相当，以保证开花时间基本一致。疏除花蕾时要注意切勿碰伤顶部的枝、芽和其他花蕾。

3. 抹芽

杜鹃花在生长期间，其茎干和枝条上易萌生过多过密的无用芽，应随时抹掉。植株较矮的夏鹃，枝多横生，在春季后根部枝干容易萌生小枝，为使养分能集中上部枝叶以促进花朵的生长发育，应该经常将这种萌发枝剪去，不使其长成枝条，以免消耗养分，扰乱树形。

抹芽时，通常根颈部位、主干上萌发的不定芽应及时去除；枝条上的赘芽和长枝、强枝上的顶芽，都应随时摘除。否则长成长枝，影响株型的美观。扦插苗最基部萌发的枝条要及时疏除，嫁接苗砧木上萌发出的芽，更要及时剥去，保证接穗生长正常。

另外，要特别注意的是西鹃中的早、中花品种，易出现花蕾与叶芽同时生长，互相争营养的现象，致使花蕾缺营养而萎缩脱落，须把花蕾旁的叶芽及时用手轻轻掰掉，花后会重发新芽，不影响生长。

4. 疏枝

将不利开花和生长的枝条从基部彻底剪除称为疏枝。疏枝的目的是减少不必要的养分消耗，使养分集中供养有用的枝条，同时还可改善通风、增强树势，保持优美株型。疏枝时要从基部剪除，剪口要削平。疏除的枝条有以下几种：

（1）徒长枝。徒长枝指从植株基部或茎干的某一部位抽生的长势特别旺盛，但节间过长、组织不充实、易扰乱株型的枝条。这种枝条的存在和生长会大大削弱邻近枝条的长势，应及时去除。

（2）弱枝。弱枝指枝条细弱无力的枝。这种枝常常形不成花芽，白白浪费养分，应予以疏除。

（3）病枝。被病菌感染或遭蛀干虫害的枝条，不但生长不良，还有病虫害进一步蔓延的危险，应及时疏除。

（4）枯枝。因种种原因枝条干枯或死亡。此枝留在植株上有碍观赏，应及时疏除。特别是杜鹃花在冬季受到冻害后，部分枝条会发黄发枯，应在春季将枯黄枝及时剪除。

（5）交叉枝、重叠枝。即方向交叉或平行、重叠的枝。此枝扰乱株型，影响通风，及时疏除可以改善植株的通风透光，利于生长。

（6）过密枝。指在同一处着生过多的枝条，因位置拥挤和养分不足常导致枝条生长不良，应及时去弱留强。

（7）萌蘖枝。萌蘖枝指在根颈部枝干上春季萌发的枝条，或抹芽疏忽而长成的枝条，呈丛生状，数量较多，空耗养料，且对株型形成和生长开花无益，应及时予以疏除。

5. 短截

短截是剪除枝条先端的一部分。短截可分为两种情况：一是以促进植株丰满为目的的短截，这种情况应在叶片密集处的上方为剪点，这样剪口下叶片的腋芽都会相继发出新芽，可达到一枝换回几个枝的效果，若只在一片叶处短截，只能萌发一个新枝，达不到丰满株型的目的；二是以控制树体的高度为目的的短截，这种情况可适当重剪。需注意，因杜鹃花的花蕾都在枝顶，短截会失去花朵，故短截操作应在花芽分化前的生长期进行，且越早越好。

三、土壤管理

（一）土壤改良

要求疏松、透气、富含腐殖质的酸性土，适宜 pH 值 5.5~6.5，在栽培中，常用泥炭、山泥等基质进行配制使用。土壤改良的目的是调节土壤 pH 值，使当地的土壤能满足春鹃栽培的需要。目前常用的土壤改良介质有：草炭、山泥、黄泥、堆制腐叶土、磨菇泥、椰糠、珍珠岩、松针、河沙等。在栽植前，常将草炭、黄泥、河沙等按照 1:1:1 的比例混合于田园土中，以达到疏松、透气、保水、保肥的目的，pH 值调节至 5.5~6.5。

（二）增施有机肥

为改良好介质理化性状，改善土壤结构，常在土壤改良的同时，增放有机肥，可放入油料作物种子榨油后留存的残渣或发酵后的羊粪，与土壤进行充分拌合，并堆放 10~15 天以后使用。

四、肥料管理

（一）肥料种类

肥料的种类很多，按其来源及特征，一般分为有机肥与无机肥两大类。

1. 有机肥
有机肥是指有机物质组成的肥料，如堆肥、厩肥、饼肥等，有机肥的养料比较全面，除氮、磷、钾三要素外，还含有各种微量元素，肥效稳定而长久。有机肥料在腐殖化分解过程中生成的腐殖质，可改良土壤理化性质，改善土壤结构，调节土壤水气状况。常用的有机肥有饼肥、家禽粪便、鱼肥和草汁水等。

2. 无机肥

无机肥其所含的营养元素，都以无机化合物的状态存在，其肥效快，养分含量高，能充分被植物吸收利用。但无机肥的养分比较单一，不含有机质，长期大量施用，常导致土壤板结，盐碱化，理化性质变差。常用的有尿素、过磷酸钙、磷酸二氢钾、硫酸亚铁等。

（二）施肥时期

1. 基肥

基肥在杜鹃花种植之前与基质混合拌均使用，可以选用有机肥和化肥混合模式，能使植株长久有效得到养分。

基肥以长效肥料如饼肥、粪干等有机肥料为主，在春季结合翻盆换土进行。通常在上盆或换盆时埋入盆土下层或与盆土均匀混合，使其慢慢分解，肥效长，使植株持久地得到养分，生长健壮有力。注意施用的基肥需要充分腐熟，以免在盆土中发酵，灼伤根系。此外，基肥的使用不能过量，肥料浓度过大时，会使根系组织细胞内的渗透压低于细胞外部肥液的渗透压，导致细胞内的水分外渗而失水。轻则引起叶尖、叶缘发黄，重者叶丛萎蔫、根系坏死、植株枯萎。

2. 追肥

追肥是在花卉快速生长期，为满足植株在生长期间生长发育所需施用的肥料。追肥见效快，主要起促进生长的功能。在江浙地区，追肥一般使用氮、磷、钾比例为 15：15：15 的速效复合肥，在春秋两季、花前花后撒施，一般 10~15 天施用一次，宜少量多次。夏季温度过高、冬季温度过低时不施肥。

3. 根外追肥

根外追肥又称叶面施肥，是指将肥料配成一定浓度的溶液直接喷在植株的叶片上，通过叶片的气孔进行吸收。这种方法简便易行，发挥效果快，且节约肥料，避免流失，可与土壤施肥相互补充。喷肥不要在烈日暴晒下进行，因为这时叶片为了减少蒸腾气孔大多关闭，不能将肥液立即吸收，而造成浪费。磷酸二氢钾、硼酸等都适用于根外追肥，喷施时还可加入一些微量元素和杀虫、杀菌剂，结合病虫害防治进行。

施肥要根据不同的生长阶段施用不同的肥料。营养生长期，叶片生长旺盛，要施用含氮量比较高的肥料，开花前要施磷肥，以促进花芽分化，一般10天左右施一次，连施2~3次。开花期不施肥，以免影响花期。花后，要立即补给肥料，使树体恢复活力，抽梢有力。

施肥也要根据不同的季节进行，4—5月开花结束，应立即施肥补充能量，9—10月温度凉爽，适宜施肥，7—9月和11月至翌年2月温度过热或过冷，植物处于休眠或半休眠状态，此时不宜施肥。施肥时间应选择晴天进行，施肥后灌水以增加植物吸收的能力。

（三）施肥量

杜鹃花喜肥，但忌浓肥，应"薄肥勤施"，施用固体肥时，根据盆径大小，每盆施肥3~5克不等。

五、水分管理

（一）水质要求

杜鹃花根系纤细如发，对水分反应较为敏感。多数杜鹃花既怕涝又怕旱，既要求水分充足，又不能积水。此外，杜鹃花对水质的要求也较为严格，宜用微酸水，一般选用pH值7以下的水。水的来源有以下几种。

1. 雨水

天然雨水是软水，它不含或少含矿物质盐类，有较多的空气，水质微酸性至中性，符合杜鹃花生长的要求，是最为理想的水源。但目前很多城市大气污染严重，经常出现酸雨、酸雾。因此污染特别严重的城市空气中的有害气体较多，种类复杂，还须慎用雨水。

2. 河水

河水是指天然河、湖、池塘中的水，浇灌杜鹃最为理想。它含有一定数量的经过发酵的有机质，营养丰富，对杜鹃花生长有利。生产场圃一般都可利用就近的天然河池中的水，或就地挖掘池塘，蓄水灌溉。但有的河水中含有钙盐，会使叶片上形成褐色的斑点，不利于杜鹃花的良好生长。

3. 井水

若使用井水，应先进行酸化处理（在水中放入一定量的硫酸亚铁）。另外，井水温度较低，直接使用会对植物根系发育不利，应提前抽出储于池内，待水温升高后再用。

4. 自来水

在城市里一般都用自来水浇灌杜鹃花。自来水中含氧量较少，且含氯气等消毒物质，对植物有害。故最好利用水池或水缸，将自来水盛放几天后再使用，使水中的氯气分解挥发，水温也更接近气温。

（二）需水量

不同的生长阶段和季节，对水量的需求不同。大部分杜鹃花从11月下旬至翌年3月上旬处于休眠或者半休眠状态，生长几乎停止，需水量很少，露地栽培时，根据盆土干湿度进行浇水。当3月中下旬气温开始回升后，花芽开始膨大，叶芽也在萌动，应增加浇水量，2~3天浇透水一次。4—6月是杜鹃花新梢生长和开花旺季，需水量特别大，需要每日浇透水一次。6月以后进入梅雨季节，盆土和空气的湿度都相对较高，不用经常性浇水，有时雨量过多，盆土内积水过多，还应及时倒掉盆土内的水。7—9月是高温季节，天气晴热干燥，蒸发量大，需要每天浇水，有时候还需要一天浇2次水，中午温度过高，湿度过干时，还要进行叶面喷水，以降温增湿。10月以后，天气转凉，生长趋于正常，可以逐步减少浇水量。

（三）浇水时间

浇水时间要随着季节气候的变化而调整，关键是尽量使水温接近盆土温度，不使根系受到温度的骤变而影响其功能。

1. 冬季

冬季宜在中午前后浇水。此时气温逐渐升高，水温土温接近。早、晚气温低，不宜浇水。注意冬季给杜鹃浇水时，应提前1~2天将水储存在容器中放置在杜鹃植株附近，以使水温与盆土温度接近。

2. 夏季

夏季中午气温很高，用低于土温的水来浇灌，会使根系突然受到冷水的强烈刺激而收缩，停止吸收水分，造成植株因缺水而引起的生理干旱，俗名"火烧病"。植株根系受伤后直接影响到地上部分，使枝枯、叶焦，甚至全株枯死。由此，夏季浇水一定要在早、晚土温稍稍下降之后进行浇灌。

3. 春秋两季

春秋两季除中午高温及早上露水未干时不宜浇水外，其他时间均可进行。

杜鹃花的需水时间及浇水量也不是一成不变的，需要根据盆土的干湿程度进行判断，每个地区的环境条件都不一样，需要根据实际情况进行浇水。一般来说，杜鹃花浇水的原则是不干不浇，浇则浇透。判断盆土干湿程度的标准是，用一根棍子插入盆土内部，棍子干燥则表示盆土已干，可以进行浇水了。浇水时要浇透，使盆底出水口有水流出为好。

六、病虫害防控

（一）防治原则

杜鹃花在不同生长发育阶段，都可能遭到各种病虫害侵袭，造成发育受阻，影响产量。在防治上，要遵循"预防为主，综合防治"的方针。加强栽培管理，提高植株抗病虫害能力。根据病虫害发生规律，适时开展化学防治。提倡使用诱虫灯、粘虫板、防虫网、性诱剂等措施，人工捕杀幼虫、虫茧，繁殖、释放天敌。优先使用生物源和矿物源等高效低毒低残留农药，严格控制施药量和施药次数。

（二）技术模式

1. 农业防治

（1）整形修剪。合理整形修剪，使树体分布均匀，改善树冠内通风透光条件，可有效控制病虫害的发生。

（2）平衡施肥。视树势和结果情况施肥。提倡适施有机肥料、微生物肥料、腐殖酸类肥料，少施或不施化肥，增强树体的抗逆性。

2. 生物防治

利用天敌如赤眼峰、丽蚜小峰和一些生物菌类进行防治。

3. 物理防治

采用防虫网、杀虫灯等进行防治。防虫网还可以用作杜鹃花防止大雨危害，覆盖防虫网后，"外面下大雨，里面下小雨"，既可以满足杜鹃花对水分的需求，又可以明显减轻雨水的影响。杀虫灯可针对害虫成虫的趋光习性，开展灯光诱杀，减少害虫危害基数。

4. 化学防治

采用化学药剂进行防治。药剂防治优先选用生物农药和矿物源农药，宜选用水剂、水乳剂、微乳剂和水分散粒剂等环境友好型剂型，在其他防治措施效果不明显时，合理选用高效、低毒、低残留农药。

药剂防治要严格掌握施药剂量（或浓度）和施药次数，提倡交替轮换使用不同作用机理的农药品种。

（三）防治方法

1. 主要病害防治

（1）叶斑病。又称角斑病、褐斑病，各地发生较为普遍，是杜鹃花一种主要病害。

①为害症状。叶斑病多发生在夏秋季节，主要为害叶片，特别是植物下部的老叶最先发病。初期叶面产生红褐色小斑点。后逐渐扩展为近圆形黑褐色，后期病斑中央变灰褐色至灰白色，边缘深褐色小点粒及霉丝，严重时病斑连接成片，致使叶片枯黄早落，一叶不留，枝干裸露，影响开花发育。

露地栽培一般在 4—5 月发病，至 12 月停止蔓延，温室栽培可全年发病。高温、潮湿、多雨的环境有利于发生蔓延。

②防治方法。选择抗病品种；加强栽培管理，冬季和早春彻底清除病叶、落叶，并结合修剪去掉病枝。适当的密度，控制浇水时间，平时要注意让植株通风透光，避免湿度过大，并增施有机肥及氮磷钾混合肥，增强植株抗病毒侵染及生长能力。如果发现病叶要及时摘除，集中烧毁。病害发生初期，喷洒 0.5% 波尔多液，或 0.4 波美度石硫合剂，或 70% 甲基硫菌灵可湿性粉剂 1 000 倍液，或 50% 多菌灵可湿性粉剂 800 倍液，每周 1 次，连喷 3~4 次。

（2）小叶病。小叶病是杜鹃花中危害较大的一种常见生理性病害。

①为害症状。表现为早春发芽较晚，顶端簇生小叶，节间变短，叶片变小，叶面呈黄绿色或脉间黄色，叶质硬脆，叶片不毡，叶缘反卷。根系有腐烂现象，长势弱，很难形成树冠。叶芽与花芽减少，花小，重者枯萎死亡。此病多为整株发病，初夏杜鹃花新芽后突遇高温时发病比较明显。

②防治方法。改善土壤结构，盆土不积水，浇水要干湿交替，

2~3年换盆一次，用盆要透气，春夏之交提前加置遮阳网，并保持棚内通风凉爽，也可有效防止小叶病的发生。

另外，适当增施有机肥以及微量元素，改良土壤。缺镁或缺铜导致缺锌的杜鹃园，应同时施含镁和含铜的复合肥，能取得明显的防治效果。在早春，当杜鹃花芽开始萌动时用0.3%~0.5%硫酸锌喷枝条，每年喷1~2次即可；开花前，喷施300毫克/千克环烷酸锌，花后喷施0.2%硫酸锌加0.3%尿素，或300毫克/千克环烷锌，或300倍氨基酸锌液，对减轻病害也有明显效果。

（3）黄化病。又称黄叶病，是杜鹃花栽培中较为常见的一种生理性病害。

①为害症状。黄化病常发生在土壤及水源偏碱的地区，严重影响根系对氮和铁的吸收。病害发生时，叶片逐渐由绿变黄，生长发育不良。严重时，叶片可全部变黄，叶片边缘枯焦，大量脱落直到死亡。发病时，以植株顶梢的叶片上表现最为明显，一般皆由内部缺铁造成。

②防治方法。加强养护管理，改善盆土通透性，增强根系吸收能力，适当增加光照与通风。改变土壤中缺铁性质，增施有机肥改造黏质土壤。对缺铁植株可直接喷洒0.2%~0.3%硫酸亚铁液；也可在植株周围土壤上用筷子戳几个深15厘米左右的孔，用1:30的硫酸亚铁水溶液慢慢注入，将孔注满，以使土壤保持偏酸性。

2. 主要虫害防治

（1）红蜘蛛。又叫红螨、短须螨、叶螨等，是为害杜鹃花的主要害虫。

①为害症状。红蜘蛛体小如粉粒，红色，喜欢聚集在叶背产卵和活动，成虫能爬行、吐丝，成螨在根部土缝中过冬，在温室中则常年危害。受害植株主要在叶背主脉附近刺吸汁液致使叶面产生很多褐色小斑点，后全叶变为褐色，以致受害植株出现黄叶、焦叶和落叶，树势减弱，严重影响植物生长发育。每年6—9月高温干旱季节易发生，

危害较重。

②防治方法。冬季清园，剥除枝杆上的老粗皮烧毁，以消灭在粗皮内越冬的雌成虫。在树枝上绑草绳诱杀过冬螨，结合培土清除杂草。春季杜鹃花发芽时，用 0.3 波美度石硫合剂混加 0.3% 洗衣粉进行喷雾。杜鹃生长季节喷 0.2~0.3 波美度石硫合剂，或 5% 甲氨基阿维菌素苯甲酸盐 2 000~3 000 倍液，或 30% 乙唑螨腈悬浮剂 1 500~2 000 倍液防治。

（2）军配虫。也叫梨网蝽，是对常绿杜鹃危害最严重的一种害虫。

①为害症状。成虫灰白色，有翅，体型扁。聚集于叶背面吸取汁液，受害叶片出现白色斑点，叶绿素受到破坏，叶片衰老早落，造成树势衰弱，影响生长及开花，降低观赏性。温室中杜鹃花极易发生此虫。干旱季节为害严重。

②防治方法。保护和利用天敌。及时喷杀若虫，化学防治在 5 月上旬开始，喷施 181 克 / 升氯氰菊酯乳油，或 5% 甲氨基阿维菌素苯甲酸盐水分散粒剂，或 40% 噻虫啉悬浮剂，或 40% 氯噻啉水分散粒剂 1 000~1 500 倍液防治。

（3）介壳虫。主要以成虫、若虫为害茎干、枝条新株等。

①为害症状。间接性，可于短时间内产生一大群虫体，主要在叶柄、主叶脉及两侧、茎干、腋芽、花芽及果实上，使叶片产生微黄色斑点，枝条变细弱或枯死，造成植株瘦弱，严重时整株枯死。

②防治方法。加强植物检疫，防止该虫进入花圃或花园。加强养护管理，增强树势，及时通风透光，化学防治喷洒 10% 高效氯氟氰菊酯悬浮剂，30% 乙唑螨腈悬浮剂 2000~3000 倍液等进行喷杀。

七、盆景造型

（一）老桩盆景造型

盆景造型以地栽毛鹃或夏鹃为砧木，以春鹃为接穗，借鉴了扬派盆景"云片"的造型手法，吸收了岭南派盆景"蓄枝截杆"的修剪艺术，传承了浙派盆景"重风骨、尚气韵"的艺术风格，逐步形成了缩龙成寸的大树风貌，尽显严谨、稳健、端庄之美和雄迈、洒脱、奔放之气，大枝造型虽然分层，但又不刻意强调片层；主干粗壮，各扎片不苛求统一的形态，自然为上。盆景体量不求大，重在追求整体美感，尤其体现观花盛况，具有自己独特的艺术风格。

1. 老桩盆景造型类型

（1）扬式云片造型。扬式云片造型是以江苏扬州命名的盆景艺术流派，依据中国画"枝无寸直"的画理，用棕丝将枝叶蟠扎成很薄的"云片"式，将枝叶剪成枝枝平行排列，叶叶俱平而仰，像朵朵云片，形成上下层次分明，整齐平稳的技艺（图3-103）。

（2）海派悬崖式造型。海派悬崖式造型是以上海为中心的盆景艺术流派，树干弯曲，下垂于盆外，冠部下垂如瀑布，模仿野外悬崖峭壁苍松

图3-103　云片造型

探海之势，博采众长，以自然流畅，苍古入画而著称（图3-104）。

（3）岭南派自然式造型。岭南派自然式造型是以我国岭南地区命名的盆景艺术流派，以广州为中心，体现自然特色，形成自然、苍

图3-104　悬崖造型

图3-105　自然式造型

劲、飘逸的艺术风格，采用"蓄枝截干"修剪法，待树木培育到一定粗度时将主干或枝条进行强度的修剪，并选留适宜角度位置的枝条，待这些枝条长到一定粗度时再进行修剪，同时再留适宜的枝条（图3-105）。

2. 老桩盆景造型技术

杜鹃花的造型借鉴了盆景艺术造型手法，采取蓄枝截干，摘心、短截或疏除等修剪为主，以蟠扎为辅，剪、扎相结合的方法，造就层次分明的格局，营造刚柔相济、粗细交织的意境，给人以强烈的艺术感染力。一盆造型杜鹃花是嫁接与修剪的结合体，涵盖了选材、准备、制作、修剪、嫁接、养护等各个方面，具有很高的专业性。一盆造型盆景从制作到成型一般需要3年时间。

（1）蓄枝截干。"蓄枝截干"法是岭南盆景的独特创作技法，是对老桩躯干进行短截，根据树胚的不同特点，设计造型的中心蓝图，并按要求在树干适当位置进行锯截，并在所截部分长出新梢，待长到合适比例再短截，反复形成（图3-106）。

（2）树桩养护。截干后桩胚进行上盆养护，容器可选择紫砂盆、釉盆等盆景用盆，杜鹃花为浅根系植物，盆不宜过深，盆的大小、深浅视桩头的大小而定。基质可选用草炭：黄泥：河砂＝5：3：2比例配制，上盆完成后放置于阴凉通风处（图3-107）。

（3）嫁接培育。当老桩上新梢长到5~6厘米，枝叶粗壮有力时，即可嫁接。嫁接一般选择在5—6月的梅雨季节进行，此时的高温高湿能满足嫁接后的生根条件，嫁接选用"T"形嫩枝劈接法，插穗要求枝条健壮，半木质化，无病虫害，品种根据需要决定。

（4）切片制作。对于基本嫁接成型的盆景，还要进行不断地完善造型，对枝片进行塑造、布局等调整，促使整体形象趋于完美。主要工作是维持树形，摘心去蕾，剪除多余枝条，留下的枝叶通过摘心、修剪、控制水肥等栽培措施调节生长（图3-108）。

各类型的盆景主干，常

图3-106　老桩截干

图3-107　养桩

图3-108　嫁接后切片

常要弯曲成几个"S"形弯，下面的弧度大，越往上弧度越小，显得生动自然。悬崖式主干基部常弯曲成小于90°弯，才能使整枝悬于盆外。主干粗硬，弯曲难度大，操作时应用辅助支撑材料，一般选较硬的铁丝或铝丝，用为固定受力点。在操作时，要随时注意缠绕的铁丝是否会嵌入树皮层，绑扎后2~3个月后及时松绑，姿态已基本固定后进行拆除。造型的制作要领通常有捆、绑、扎、拉，最简易的方法就是用铝丝，根据不同的枝条来选用不同的铝线（图3-109），用来牵引主干发展方向和控制细枝生长趋向。同时用锯子将弯曲的部位锯几道缝，正常锯进枝干，深度为1/2或2/3，间距为6~8厘米，在适当位置将枝干用铝丝固定在花盆上，绑紧为宜，不要有缝隙。

图3-109　铝丝制作框架

　　一般情况，经过3~5年的修整，养护，一盆杜鹃盆景即可初步成形。

　　3.各类造型制作要点

　　（1）直干式。主干基本直立，主要侧枝向前后左右平伸，层次清晰，雄伟挺拔，俨然大树气概。

　　（2）曲干式。从小培养，基部开始作弯曲，每7~8厘米或10厘米作一弯，自下而上曲折盘旋，弧度由小而大。侧枝着生方向要照顾多面，树顶大致与根基在一条直线上。

　　（3）悬崖式。根据大自然中生长于岩石上的植物模仿而来。是生长于陡峭石壁缝隙中的杜鹃花特有的姿态，如山鹰盘旋、蛟龙腾空，飘逸动感。需从小培养，通过强度弯曲主干，在种植时有意识地使树体横伸或倒挂盆外，约半年生初显成效。

（4）露根式。利用杜鹃花发达的须根，选其中粗壮的加以培育，并用铁丝缠绕使之多曲，通过换盆、上盆，不断提高根枝的高度，达到根系十分裸露的目的。该类型以观赏根部为主，体现奇特、苍劲有力的形态，是一种既合乎情理又夸张的盆景艺术造型。

（5）附石式。在裸根的基础上，选一块造型及色彩与裸根相配合的石头，将杜鹃花的根、枝依附于石头上，既相互依存，又显其自然，相得益彰，体现杜鹃花在逆境中亦能顽强生长。

（6）象形式。按照某种物体的形象为模式，对杜鹃花进行人工造型，达到具象或抽象的艺术技巧，体现模仿物的情趣和人工造型的力度。

（7）宝塔式。是一种分层次的锥形体。修剪时枝片要平，层间有匀称间距，下大上小，一般3或5层，至多7层，开花时，每层开满花朵，成为一座奇异的花塔，蔚为壮观。

（8）圆球式。通过多年的修剪培育，使树冠紧密、圆润、丰满，开花时灿烂如花球。

（9）云片式。枝叶扎成片状，主干可以2~3个，可以直也可以斜，枝片交互错落，保持层次清晰，形象不求对称端庄，但求均衡。

（10）盘龙式。将主干用铁丝顺着干身缠绕，然后用力扭曲，使主干呈螺旋状弯曲上升，如游龙一般富有动势。突出主干形象，体现龙体矫健，如双龙盘柱，昂然有趣。

（二）商品化快速成型

一盆成型的春鹃盆景，需要几年甚至几十年的时间精心制作，这样的盆景大气、精致、文化内涵深厚，适合具有一定的文化底蕴以及杜鹃爱好者收藏。

快速修剪造型技术以扦插苗或原有的植株为载体，利用其顶端生长优势，打破原有修剪体系，通过合理的肥水管理、病虫害防治等配套技术措施，结合整形、修剪、摘心等人为技术手段，大大缩短盆景成形时间，以达到批量快速造型的目的，适合于现代生产中的商品化、规模化生产。

1. 悬崖造型

悬崖造型是利用植物的顶端生长优势，用铝丝将上部枝条向下弯压成型，剪除最前端枝条和剩余叶片，3~5个月后，枝条上长出丰满的新叶，经过养护管理，2年之后可成型（图3-110）。

2. 云片造型

云片造型是对杂乱的植株进行分层修剪，形成粗放式的分层，利用铝丝对分层进行精细化绑扎，结合每年的花后修剪技术，2年可成型（图3-111）。

图3-110　悬崖快速成型

3. 笼状造型

笼状造型是将多株植株组合上盆至大盆，利用铝丝进行交叉绑扎，修除中下部多余枝条和叶片，只保留最上部的枝条叶片，形成富贵竹式的笼状。

4. 塔状造型

塔状造型是将多株植株组合上盆，每一株都放任其向上生长，剪除内部枝条，不时修剪外部枝条，使外部的枝条连接一片，好似宝塔形状。

图3-111　云片快速成型

5. 球状造型

球状造型是利用嫁接技术，将春鹃嫁接于球状毛鹃之上，经过后期修剪而形成，球状造型具有明显的主干，上部叶片圆滑规整。

6. 头状造型

头状造型是利用春鹃的开花习性，剪除下部分枝条，只保留上部分花，造型成头状花序。

7. 丛生型

丛生型是将多株植株组合种植于大规格的容器内，可快速形成成品苗。

8. 辐射型

辐射型是将多株植株绑扎于中心枝条上，每株植株弯向不同的方向，形成一种辐射状。

八、园林应用

（一）杜鹃园（图3-112）

杜鹃园一般采用自然式布置。由于杜鹃花种类繁多，大部分具有喜半阴的习性，为了满足这个生态要求，应选择原来已有松柏的地方，既能取得常年的庇荫效果，又能使根部的菌根相互共生。杜鹃花耐低温，但

图3-112　杜鹃园

强风袭击叶大而枝脆的杜鹃花时会遭到很大的损伤。因此，要在杜鹃园的主风方向种植防风林带。

从国内外众多的杜鹃花专类园的功能、性质、布局形式来看，杜鹃园主要分为两种类型：一是以教育、科研为主的示范性杜鹃园，一般按杜鹃花的进化、分类系统或杜鹃花的产地进行布置。目的是使人们了解杜鹃花种类的演变、差异、资源分布以及与产地有关的景观。重点在于收集研究杜鹃花的种类，而不注重园艺栽培品种。二是以观赏旅游为主的观光型杜鹃园，大都设在公园或风景区内，独立成园或仅占一局部区域，如无锡的锡惠公园、昆明的金殿公园、黑龙潭公园等。其布置手法与造园手法相同，首先要进行叠山理水的地形改造，按游赏需要进行分区，以杜鹃花的花色进行布置，并运用其他观赏植物的综合构景，以满足旅游者的要求。

杜鹃园向人们展示杜鹃花的魅力，在推进旅游观光、科学研究、加快开发利用资源方面有着积极的意义。

（二）杜鹃山（图3-113）

杜鹃山一般模拟杜鹃自然生长环境要求，人工堆砌的龟纹石、天池瀑布、溪流随着地形起伏，大面积的杜鹃花在林下混栽，营造出山花烂漫的自然景观，与山石亭台，溪流瀑布相映成趣，不到山区也可以欣赏到在大自然环境下漫山遍野开放杜鹃花的美景。

（三）杜鹃岩（图3-114）

岩为石，石为园之胜，无石不成园。杜鹃岩是杜鹃花与各类岩石相配，最佳是选用千层石，石上纹理清晰，线条流畅，时有波折起伏，具有一定的韵律，灰黑、灰白、灰、棕各色相间，造型奇特，变化多端，神韵秀丽静美，岩间高低错落种植榆树、红枫及各类杜鹃花，树状杜鹃花如彩云，岩生杜鹃花小巧玲珑，盛花时节铺霞织锦，壮丽迷人，岩石上爬满绿叶植物，与周围环境融为一体，仿佛山间岩道，自然而有灵性。

图3-113　杜鹃山

图3-114　杜鹃岩

（四）杜鹃坊（图3-115）

"坊"意为里巷，街市、手工制作的地方，杜鹃坊即是杜鹃花盆景制作的场所，坊内有高敞之花架花廊，也有白墙灰瓦的江南小院，通过圆窗门洞，形成漏景，将坊内各色杜鹃映照于粉墙之间，形成一幅诗意的中国山水画。每年仲春来临，陈列的各色杜鹃盆景，造型千姿百态，花色绚烂夺目。在层层叠叠、烂烂漫漫的花丛中，造型匠人目不转睛于手头的作品，阵阵花香里制作出不凡的盆景作品，游人左顾右盼，目不暇接，盆景在匠人的眼里，匠人与盆景都在游人的风景里，形成了绝佳的画面。

图3-115　杜鹃坊

（五）杜鹃古道（图3-116）

春意盎然、百花盛开，3月初的桃花还没有退场，漫山遍野的杜鹃花迫不及待地粉墨登场了。杜鹃古道沿途林木葱郁、峰峦叠嶂、峡谷深秀、溪流潺潺，它集奇峰地貌景观、幽峡川流景观、自然森林景观于一体，聚山、林、溪、泉、瀑、潭、云、雾等奇观于一地，组成了险、雄、奇、秀、美、幽兼备的山水形态之景观，沿着山脉连绵10余千米。一路走来，杜鹃花由零星分布转为成片出现，再往上走，那就是杜鹃花的海洋了。杜鹃花以大红色为主，间或有一两株紫色杜鹃花以及白色、黄色的其他山花，整个花期持续一个月左右，这成了一道美丽的风景，人们在其中感受着春天的浪漫。

图3-116　杜鹃古道

第四章　药用方法

　　杜鹃花的根、叶、花、果均有药用作用，本章主要介绍了杜鹃花治咳嗽痰多、治咯血、治鼻衄、治月经不调、经行腹痛、治风湿、治头癣和治跌打损伤的简单方法。但由于部分杜鹃花有毒，所以用杜鹃花治疗疾病，必须在中医师指导下，按照辨证论治的方法，选用适当的杜鹃花品种和植物部位，以免中毒。

一、治咳嗽痰多

杜鹃花具有清热解毒、化痰止咳止痒之作用。杜鹃花 30~40 克，单味水煎服，可用于慢性支气管炎、咳嗽痰多。目前，满山红制剂的胶囊及"消咳喘"口服液，已是治疗支气管炎的常用药，可在医生指导下选用。

二、治咯血

用杜鹃花 10 克、仙鹤草 30 克、白及 10 克、甘草 5 克，水煎服，每日 1 剂。

三、治鼻衄

用杜鹃花 15~30 克，水煎服，对治鼻出血有良效。

四、治月经不调和经行腹痛

可用杜鹃花 10 克、月季花 5 克、益母草 20 克，水煎服，每日 1 剂。经闭干瘦者，可单用杜鹃花 60 克水煎服。

五、治风湿

用杜鹃花、防己、苍术、薏苡仁，水煎服，每日 1 剂。

六、治头癣

用杜鹃花60克、油桐花30克，焙干研末，用桐油调搽（先剃头再搽药）于患处，可治疗癞痢头。

七、治跌打损伤

用杜鹃花1.5克，研成极细末，用白酒或黄酒适量送服。可治跌打损伤，瘀血肿痛。外伤红肿者，也可用杜鹃花嫩叶捣烂，外敷患处。

杜鹃花的叶也能用于治疗疾病。用杜鹃花嫩叶适量，捣烂如泥，敷于患处，每日换药2次，用于痈疮疔等各种阳性肿毒；用杜鹃花鲜叶煎汤洗浴，可治荨麻疹。

特别提醒：一般入药的杜鹃花植株都是粉红色的，而黄杜鹃，有剧毒，植株和花内均含有毒素，误食后会引起中毒；白色杜鹃的花中含有四环二萜类毒素，中毒后引起呕吐、呼吸困难、四肢麻木等，均不可食用或药用。

为保证人身安全，以上杜鹃花的药用方法须经执业医生确认后方可服用。

第五章　典型实例

　　生产和经营杜鹃花的管理者利用学到的农业生产技术和经营管理经验，积极从事杜鹃花产业的开发，成为当地杜鹃花产业的龙头企业或带头人，辐射和带动了周边农户的杜鹃花种植，推动了杜鹃花产业的发展，促进了农业经济的增长。

一、嘉兴碧云花园有限公司

（一）生产基地

嘉兴碧云花园有限公司地处浙江省嘉善县大云镇，位于G60沪杭高速临沪第一互通——大云出口处，距上海市70千米，距杭州市100千米，距嘉兴市城区20千米，闹中取静，交通便捷，地理位置优越，区位优势独特，是全国AAAA级旅游景区。

公司成立于2001年3月，占地面积1 100亩，总投资2.1亿元，18年来，坚持走"以生产带动休闲，以休闲促进生产"的绿色循环之路，依靠科技、大力创新，注重自然、修复生态，立足农业、拓展休闲，目前已成为一家围绕杜鹃花产业发展的文化传播、休闲旅游、培训会务、科普教育、实践基地等综合性生态农庄，实现了"年年有节、季季有花、月月有果、天天有客"。期间，公司不断推出农业新

原浙江省委书记赵洪祝（左三）视察嘉兴碧云花园有限公司

技术、新品种和新模式，引领浙江省葡萄、草莓的精品化生产理念，提升了中国杜鹃花的造型技艺，极大地增强了现代农业的魅力。杜鹃花文化节、葡萄文化节、菊花展、四季名花园、绿色果蔬园等"三节两园"的辐射示范效应明显，带动了周边区域共同发展。

公司坚持以服务社会、回报社会为己任，在迅速发展高效农业、快速推进休闲观光的同时，利用自身优势，培养了大批农村新型实用人才，为大学生创业提供了良好条件，为新农村建设作出了积极贡献，相继被命名为"浙江省高效生态农业示范区""浙江省生态文明教育基地""中组部农业部实用人才培训基地""全国科普教育基地"和"浙江省青少年素质教育基地"等称号。

原浙江省副省长茅临升（中）视察碧云花园

中国花卉协会杜鹃花分会会长吴惠良（左一）
为碧云花园授牌

（二）产品介绍

碧云花园是嘉善杜鹃花培育生产、种质资源保存的主要基地，现拥有300亩的繁育保存基地，收集选育优良品种100多个，储备精品盆景15 000盆，精品盆栽80万盆，形成了杜鹃坊、杜鹃谷、杜鹃山、杜鹃古道和杜鹃园等杜鹃资源植物景观。

公司自2003年起，就着手于杜鹃花资源圃的建立和杜鹃花造型艺术的研究，利用嘉善杜鹃花丰富的资源，通过老桩截干、嫁接、蓄枝、绑扎、修剪等造型技艺，使嘉善杜鹃花盆景得到不断发展和改进。目前公司已培育出"碧云红枫""碧云粉蝶""碧云霜玉"3个春鹃新品种，"杜鹃花造型技艺"已是嘉兴市非物质文化遗产项目，其艺术盆景造型奇特，工艺精湛，小至托于手掌上，巨至高达丈余，在历届全国杜鹃花展上屡获大奖。

公司注册"碧云"商标，每年组织参加国家级和省级农业博览会和花卉专业展览。"碧云"牌商标获"省级著名商标"称号。公司现为"中国杜鹃花盆景产业化示范基地""浙江省重点花文化示范基地"，其春鹃品种展示和种质资源保护园，代表着中国独特的杜鹃花造型艺术体系。

（三）责任人简介

潘菊明，男，1961年5月生，浙江嘉善人。2001年组建了嘉兴碧云花园有限公司，任董事长兼总经理，从事杜鹃花卉生产近20年，公司花卉生产基地发展到2 200亩、年产值达1 600多万元的省级农业龙头企业，并带动了周边农户的发家致富，辐射经济效益达到1.2亿元。公司辐射带动农户生产面积已经达1万多亩，成为集无公害农产品、优新花卉

科学研究、规模生产、应用示范、高效营销和休闲观光于一体的现代农业企业。潘菊明本人也先后获得"嘉善县劳动模范""嘉兴市劳动模范""浙江省新农村建设先进""浙江省农业科技工作者""嘉兴市优秀共产党员""嘉兴市两创先锋"等荣誉称号，现任中国花卉协会理事、杜鹃花分会副会长等职。

联 系 人：潘菊明

联系电话：139 0583 1268

专家点评

嘉兴碧云花园有限公司是专业开展杜鹃花品种资源保存、栽培生产和盆景造型的企业。经过多年努力，将嘉善民间的杜鹃花盆景造型技艺进一步凝练和总结，并开展产业化推广，是中国杜鹃花盆景产业化示范基地。主办和参加全国杜鹃花展并屡获金奖，每年在基地举办嘉善杜鹃花花展，带动了当地杜鹃花产业的大发展。

二、嘉善联合农业科技有限公司

（一）生产基地

嘉善联合农业科技有限公司成立于2014年4月，主营杜鹃花栽培和出口销售。项目规划面积500亩，目前一期175亩已基本完成基础设施建设，其中6万平方米连栋大棚已基本建成并已投入生产，4万平方米为杜鹃花

成苗栽培区；500平方米为种子种苗培育区；2500平方米为出口杜鹃花消毒区；1万平方米为出口杜鹃花隔离区，年产杜鹃盆花可达30万盆、精品杜鹃盆景2000盆。还有4000平方米玻璃温室产品展示厅正在筹建中。

公司还有占地5亩的杜鹃花栽培专用基质生产基地，每年可生产基质5万立方米，并就地取材消耗麦秸1万立方米、砻糠3000立方

米、蘑菇泥1万立方米，又可对废弃物进行循环利用，减少秸秆焚烧导致的大气污染，年销售额可达1 500万元。

（二）产品介绍

在技术方面，嘉善联合农业科技有限公司与江苏省农业科学院、

武汉市农业科学院、浙江大学园林研究所等科研院所建立了长期合作，致力于打造高科技农业基地。在销售方面，公司在美国注册成立了"中国杜鹃园艺有限公司"，旗下

曾获第七届全国杜鹃花展金奖

品种：笔山 树龄：120年

在美国华盛顿州布莱恩地区拥有120亩永久产权的基地，可与嘉善联合农业科技有限公司杜鹃花出口生产基地对接，负责在北美地区的杜鹃花中转与销售。

公司的杜鹃花盆景造型手法借鉴了杨派盆景"云片"的造型手法，同时吸收了岭南派盆景"截干蓄枝""缩龙成尺"的修剪技艺，更传承了浙派盆景"重风骨，尚气韵"的艺术风格，尽显谨慎、稳健、端庄之美，而又不失豪迈、洒脱、奔放之气。逐步形成了自己独特的艺术风格：大枝造型虽分层但不刻意强调片层，不苛求统一，尽量根据主

干走势顺势而为，自然为上。

公司利用科技创新提高产品质量，开发新品种。经过多年努力，对杜鹃花芽变品种及时进行分离繁殖，已成功培育了7个优良的杜鹃花新品种，在全国杜鹃花盆花生产企业中已处于领先地位，使嘉善杜鹃花在国内具有了较高的知名度。

（三）责任人简介

沈勇，男，1963年9月生，浙江嘉善人，大学学历。20多年来致力于杜鹃花栽培和杜鹃花盆景造型，2014年创办嘉善联合农业科技有限公司。其杜鹃花盆景造型作品在全国杜鹃花展中10多次获得金奖。并于2012年被评为浙江省全省花卉协会工作先进个人，嘉善县第二批"十佳农村实用人才"，2015年被评为"嘉善县有突出贡献和优秀专业人才"，2017年获"中国杜鹃栽培大师"称号，同年还获国家林业局梁希林业科学技术二等奖。

联 系 人：沈　勇

联系电话：130 1779 6180

专家点评

嘉善联合农业科技有限公司以科技创新为导向，与国内多家科研院所合作，采用全设施化栽培模式，建立现代化的杜鹃花生产基地，循环利用农林废弃物开发栽培基质，形成一套完善的杜鹃花商品化生产技术体系。并率先尝试开展杜鹃花出口贸易。公司还重视新品种的选育和开发，为企业进一步发展打下良好基础。

三、金华市永根杜鹃花培育有限公司

（一）生产基地

金华市永根杜鹃花培育有限公司创立于1994年，是浙江省农业科技型企业，金华市林业龙头企业。是国内最大的杜鹃花新品种培育推广企业，拥有1 000多个杜鹃花新优品种，有杜鹃花生产面积800多亩，有一个育种试验基地（省级杜鹃花种质资源圃、中国杜鹃花种质资源库、中国杜鹃花研发育种中心），一个《杜鹃王国》展示图，主要从事杜鹃花新品种选育及推广。

（二）产品介绍

通过 20 多年的艰辛育种工作，现已硕果累累，公司承担的杜鹃花新品种选育项目先后获金华市科技进步一等奖 1 项，三等奖 1 项，浙江省科技三等奖 1 项，是国家级科技星火计划实施单位，2014 年科技部杜鹃花成果转化项目实施单位。

实现了中国有史以来第一次观赏植物新品种权的转让；国际上首

次进行杜鹃花太空育种试验；参与制定了国家行业标准规程《杜鹃花绿地栽培养护技术规程》。先后创立了"中国杜鹃花种质资源库""中国杜鹃花研发育种中心""浙江省杜鹃花种质资源圃""金华市永根杜鹃花研发中心"，选育的新优品种有1000个以上，有200多个处于推广阶段，其中选育的"红阳""宝玉""仙鹤"等35个杜鹃花新品种获得国家植物新品种保护授权，杜鹃花育种研究和推广成果处于国内领先水平，为我国的杜鹃花产业提升和国内杜鹃花园林应用作出了重大的贡献。

（三）责任人简介

方永根，男，1967年12月生，浙江金华人，高级林业工程师，金华市永根杜鹃花培育有限公司董事长。从1994年以来专心从事杜鹃花的栽培和新品种选育推广工作，先后获得了"全国绿化奖章获得者""浙江省金牛奖获得者""中国杜鹃花栽培技能大师""浙江省林业乡土专家""金华市拔尖人才""金华市十佳科普人""金华市首届十大农村杰出青年"等荣誉称号。由于在杜鹃花创新育种方面的突出贡献，他的杜鹃花育种和推广成果被国内外广泛认可，被称为"中国杜鹃王"。

联系人：方永根

联系电话：138 0678 3670

专家点评

金华市永根杜鹃花培育有限公司收集国内外大量杜鹃花品种资源，建立国家级杜鹃花种质资源库，建有育种试验基地、品种展示基地和多个生产基地，是国内最大的杜鹃花新品种选育和推广企业。其自育品种的地栽苗销往全国各地，取得了良好的经济效益，极大地推动了国内杜鹃花育种的发展和新品种推广。

四、宁波北仑亿润花卉有限公司

（一）生产基地

宁波北仑亿润花卉有限公司位于"中国杜鹃花之乡"——宁波市北仑区柴桥街道，现有北仑万景杜鹃良种园和宁波杜鹃精品园两处基地，生产基地面积共250亩，其中温控联栋大棚50亩，普通大棚150亩，年生产东洋、西洋杜鹃10万盆，杜鹃花种苗120万株，生产经营杜鹃花品种达70余种。主要从事杜鹃花卉种植与销售，特别在新品种引种驯化方面积累了丰富的经验，与浙江大学、万里学院和江西省林业科学院等高校科研院所有长期技术合作。公司生产基地2006年被评为"国家特色种苗基地"。其中位于宁波市北仑区小港街道滨江新城的"宁波杜鹃精品园"，占地105亩，共收集引种优良杜鹃

品种200多个。其中西洋杜鹃90个，毛鹃品种10个，春鹃品种100多个。自主培育300多个新品种耐寒杜鹃花。基地先后推广了西洋杜鹃连作技术、西洋杜鹃多品种嫁接技术、杜鹃花无土栽培技术、杜鹃花花期控制技术，通过对杜鹃花新品种、新技术的推广和对其他花农的帮扶，不仅提升了杜鹃花产业的科技水平，同时也带动了广大花农走向富裕道路。

（二）产品介绍

公司产品注册"繁锦杜鹃"商标，2013年自主培育的4个杜鹃花新品种荣获国家林业局颁发的新品种权证，2017年自主培育的16个杜鹃花新品种年获国家林业局颁发的新品种权证。

公司以"品种多样化、质量标准化、生产专业化、设施现代化、服务社会化、运作市场化"为方向，发挥"宁波杜鹃精品园"的示范推广效应，大力发展以杜鹃花为特色的花卉产业，促进杜鹃花规模化种植、产业化经营、精品化提升，通过自主选育良种杜鹃花或引进转让新品种，大力发展杜鹃盆花种植和造型盆景，借鉴国内外杜鹃花产业的发展经验，带动科普教育、农业观光等相关产业，从而使杜鹃花产业真正成为宁波农业增效、农民增收的特色产业之一。

甬绿神　甬品红
甬之梦　甬之妃
甬绵百合　小玫瑰

（三）责任人简介

沃绵康，男，1962年4月生，浙江宁波人，园林工程师。从事杜鹃花的栽培销售及新品种的选育推广30多年，1993年8月创立宁波市北仑柴桥沙溪杜鹃园艺场，1999年成立宁波市北仑万景杜鹃良种园，2010年成立宁波北仑亿润花卉有限公司，专业从事杜鹃花的生产销售和春夏鹃、西洋杜鹃、东洋杜鹃、耐寒杜鹃等新品种的研究、繁育、推广工作。现为中国花协杜鹃花分会理事，2001年获"宁波市农业科技先进工作者"称号，2009年被评为宁波市首届"十大花木能手"，2011被评为浙江省首届个体劳动者"创业之星"金奖，2018年经中国林学会评选为"中国林业乡土专家"。

联 系 人：沃绵康

联系电话：139 0684 3258

专家点评

宁波北仑亿润花卉有限公司主要从事杜鹃花卉种植与销售，自主培育300多个耐寒杜鹃花新品种。公司大力发展以杜鹃花为特色的花卉产业，促进杜鹃花规模化种植、产业化经营、精品化提升，带动科普教育、农业观光等相关产业，从而使杜鹃花产业成为宁波农业增效、农民增收的特色产业之一。

五、杭州金彩园艺有限公司

（一）生产基地

杭州金彩园艺有限公司建有杜鹃花生产基地300余亩，主要位于桐庐县分水镇里湖村，是精品杜鹃花的专业生产企业，在杜鹃花培育上深耕多年，潜心引种、驯化、栽培，先后从日本、美国、意大利以及国内知名杜鹃花公司引入杜鹃花品种50多个。在投入建设杜鹃花基地8年后成立公司，以"种出杜鹃美"为目标，致力于国内外品种杜鹃花的精致化栽培。

　　生产基地在 2017 年被桐庐苗木商会评选为优秀苗圃。产品多次参加中国杜鹃花博览会、世界花园大会以及各类园艺展览，并在 2018 年首届世界花园大会上被评选为"世界花园大会观赏植物金奖"。

（二）产品介绍

　　基地每年生产近 50 个品种杜鹃约 100 万株，主要产品为五彩夏鹃、映山红以及 20 余个皋月杜鹃、安酷杜鹃的优秀品种。除了生产、销售精品杜鹃之外，公司还积极探索走花卉旅游之路，先后与武汉林业集团，长沙园林生态园合作建设杜鹃花专类园并取得了良好的经济效益和社会轰动效应。公司将在"美丽中国""乡村振兴"的大背景下，让公司的产品更好地为社会服务，创造更大的经济效益。

（三）责任人简介

余洪文，男，1972年5月生，浙江桐庐人，大学讲师、园林高级工程师。1994年7月毕业于华中农业大学观赏园艺（园林）专业。先后获得"十年绿化杭州"先进个人，杭州经济技术开发区先进工作者等荣誉。2011年8月从事杜鹃花等苗木的专业种植，2018年成立杭州金彩园艺有限公司，任总经理。

联系人：余洪文

联系电话：138 5805 7112

 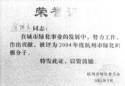 

专家点评

杭州金彩园艺有限公司致力于国内外精品杜鹃的精细化栽培，是精品杜鹃的专业生产商。公司主打产品五彩夏鹃，具有叶、形、花俱佳，市场应用潜力大、前景广等优势，是城市绿化、庭院美化、家庭园艺应用中不可或缺的好品种。

参考文献

李相君. 2012 .造型杜鹃制作及养护方法[N]. 中国花卉报.

林斌. 2008. 中国杜鹃花:园艺品种及应用[M]. 北京:中国林业出版社.

王兰明. 2006. 杜鹃花栽培与病虫防治[M]. 北京:中国农业出版社.

无锡市文化旅游发展集团. 2016. 杜鹃花[M]. 南京:凤凰出版社.

徐富荣. 2009. 花卉[M]. 北京:中国农业科学技术出版社.

张长芹, 高连明, 薛润光, 等. 2004. 中国杜鹃花的保育现状和展望[J]. 广西科学, 11(4):354-359.

张永辉, 姜卫兵, 翁忙玲. 2007. 杜鹃花的文化意蕴及其在园林绿化中的应用[J]. 中国农学通报(9).

周泓, 夏宜平. 2009. 浙江嘉善杜鹃品种资源现状及研究对策[M]. 北京:中国林业出版社.

周斯建, 赵印泉, 张国平, 等. 2011. 杜鹃花[M]. 北京:中国农业出版社.

后 记

　　《杜鹃花》经过筹划、编撰、审稿、定稿，现在终于出版了。

　　《杜鹃花》从筹划到出版历时近一年时间，在浙江省有关杜鹃花生产经营企业的支持下，经数次修改完善，最终定稿。在编撰过程中，浙江省农学会相关专家和浙江大学夏宜平教授对书稿第一、第二、第三、第五章进行了仔细的审阅和修改，嘉善县中医院张忠其院长对书稿第四章进行了仔细的审核，在此表示衷心的感谢！

　　因水平和经验有限，书中难免存在瑕疵，敬请读者批评指正。